Alexander Kolew

Heißprägen von Verbundfolien für mikrofluidische Anwendungen

Heißprägen von Verbundfolien für mikrofluidische Anwendungen

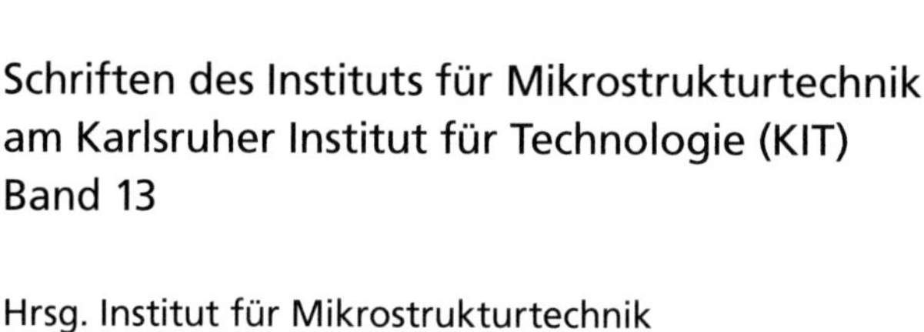

Schriften des Instituts für Mikrostrukturtechnik
am Karlsruher Institut für Technologie (KIT)
Band 13

Hrsg. Institut für Mikrostrukturtechnik

Eine Übersicht über alle bisher in dieser Schriftenreihe erschienenen
Bände finden Sie am Ende des Buchs.

Heißprägen von Verbundfolien für mikrofluidische Anwendungen

von
Alexander Kolew

Dissertation, Karlsruher Institut für Technologie (KIT)
Fakultät für Maschinenbau, 2012
Tag der mündlichen Prüfung: 21. Oktober 2011
Hauptreferent: Prof. Dr. Volker Saile
Korreferent: Prof. Dr. Werner Karl Schomburg

Impressum

Karlsruher Institut für Technologie (KIT)
KIT Scientific Publishing
Straße am Forum 2
D-76131 Karlsruhe
www.ksp.kit.edu

KIT – Universität des Landes Baden-Württemberg und
nationales Forschungszentrum in der Helmholtz-Gemeinschaft

KIT Scientific Publishing 2012
Print on Demand

ISSN 1869-5183
ISBN 978-3-86644-888-9

Kurzfassung

Die vorliegende Arbeit befasst sich mit der Erweiterung des Heißprägeprozesses, mit dem Ziel neue Produkte für mikrofluidische Anwendungen zu ermöglichen. Bestehende Einschränkungen des Heißprägeprozesses werden mit Hilfe der Mehrkomponentenreplikation, der Durchlocherzeugung, der Oberflächenmodifikation und der Automatisierung überwunden und ermöglichen es, die Strukturqualität des Heißprägeprozesses in weiteren Bereichen der Mikroreplikation einsetzen zu können.

Als ein Schwerpunkt der Arbeit werden Anforderungen an das Mehrkomponentenheißprägen ermittelt, der Prozess für die Kombination unterschiedlicher Materialien angepasst und Richtlinien für deren Einsatz zusammengefasst. Es werden weitere Materialklassen hinsichtlich ihrer Eignung für die Mikrostrukturierung und deren Grenzen im Heißprägen vorgestellt, neben technischen und Hochleistungskunststoffen auch nichtpolymere Materialien wie amorphe Metalle, keramische Mischungen, gefüllte und verstärkte Kunststoffe, biologisch abbaubare Kunststoffe sowie Duromere.

Am Beispiel der Benetzbarkeit von Kunststoffen werden Einflussfaktoren für die Replikation von Submikrometerstukturen ermittelt und optimiert, neben den Prozessparametern insbesondere die Vorgeschichte der Halbzeuge und deren Zusammensetzung sowie Vorbehandlungen für die Replikation. Die Herstellung von durchgehenden Öffnungen während dem Heißprägeprozess wird anhand von modifizierten Prägeaufbauten untersucht. Unterschiedliche Substrate sowie mehrschichtige Aufbauten werden bewertet und eine Herstellungsmethode entwickelt, die sich auch für die Replikation von zwei- bis vierstelligen Stückzahlen eignet.

Die Erkenntnisse aus der Durchlocherzeugung, der Mehrkomponentenreplikation sowie der Oberflächenmodifikation werden in einem mikrofluidischen Bauteil kombiniert. Für die industrielle Einsetzbarkeit werden die neuen Prozessentwicklungen auf großformatige Replikationen im Mikrotiterplattenformat übertragen und die Prozesskette für einen teilautomatisierten Betrieb erweitert. Daraus werden Verfahren zur Herstellung transparenter Mikrobauteile mit hohen Aspektverhältnissen sowie zur Erzeugung innenstrukturierter Hohlkörper abgeleitet.

Abstract

In this present dissertation the hot embossing process was enhanced for the replication of new products for micro fluidic applications. Current limitations have been overcome by the approach of multi component replication, the creation of through hole structures, surface modification and automation and allow for the use of high structural quality by hot embossing in new fields of micro replication.

As one part of this work requirements on multi component hot embossing were determined, the process has been developed for the combination of different materials and guidelines for new products are summarized. Alternative classes of materials have been introduced for micro replication by hot embossing and their limits and usability are presented. Besides technical and high performance plastics also non polymer materials like amorphous metals, ceramic feedstock, filled and enforced polymers, biodegradable polymers and thermosets.

By means of the wetting behaviour of polymers the influence factors for the replication of submicron structures are determined and optimized, apart from process parameters especially regarding the material by its composition and pretreatments. The production of through hole structures during the hot embossing process is examined based on different replication designs. Several substrate materials and multi-layered designs were used and a new replication setup suitable for up to thousands of parts was developed.

The results of the through hole production, multi-component replication and surface modification have been combined in one micro fluidic device. For industrial use these developments have been transferred to large area replications in the format of microtiter plates and enhanced to semi-automated production. Additionally new processes for the production of transparent parts with high aspect ratio and inside structured closed channels have been derived.

Abkürzungsverzeichnis

ABS	Acrylnitril-Butadien-Styrol
AFM	Rasterkraftmikroskopie, englisch: atomic force microscopy
CA	Celluloseacetat
COC	Cyclo-Olefin-Copolymer
DWP	Dispensing Well Plate
ETFE	Ethylen-Tetrafluorethylen
FEP	Perfluorethylenpropylen, englisch: fluorinated ethylene propylene
FIB	Fokussierter Ionenstrahl, englisch: focussed ion beam
GPC	Gel-Permeations-Chromatographie
IML	In-Mould Labeling
LCP	Flüssigkristallines Polymer, englisch: liquid crystal polymer
LIGA	Lithografie-Galvanik-Abformung
MABS	Methylmethacrylat-Acrylnitril-Butadien-Styrol
PA	Polyamid
PC	Polycarbonat
PDMS	Polydimethylsiloxan
PE	Polyethylen
PEEK	Polyetheretherketon
PEI	Polyetherimid
PFA	Perfluoralkoxylalkan
PI	Polyimid
PLA	Polylactid
PMMA	Polymethylmethacrylat
POM	Polyoxymethylen
PP	Polypropylen
PPS	Polyphenylensulfid
PS	Polystyrol

PSU .... Polysulfon

PTFE ...... Polytetrafluorethylen

PVC .... Polyvinylchlorid

PVDF ...... Polyvinylidenfluorid

REM .... Rasterelektronenmikroskopie

SAN .... Styrol-Acrylnitril

THF .... Tetrahydrofuran

THV .... Tetrafluoroethylen-Hexafluoropropylen-Vinylidenfluorid

TPE .... Thermoplastisches Elastomer

TPS .... Thermoplastisches Styrol-Blockcopolymer

TPU .... Thermoplastisches Polyurethan

UV .... Ultraviolett

WPC .... Holz-Kunststoff Verbundwerkstoff, englisch: Wood-Plastic-Composite

WUM ...... Warmumformmaschine

Inhaltsverzeichnis

1. Einleitung und Zielsetzung

Kunststoff als Grundmaterial für Produkte und Bauteile des Massenmarktes sind erst in den 1930er Jahren verbreitet synthetisiert und eingesetzt worden, bis dahin prägten vor allem Metalle, Holz und andere Naturstoffe das Umfeld des Menschen[Kön00]. Weiterentwicklungen der Kunststoffe und die Entwicklung kostengünstiger Produktionsverfahren führten im Laufe des 20. Jahrhunderts dazu, dass mittlerweile jährlich etwa 300 Millionen Tonnen Kunststoff weltweit in Produkte in den verschiedenen Sparten umgesetzt werden[TMSS09]. Heutzutage sind Kunststoffe aus dem alltäglichen Leben nicht mehr wegzudenken, dennoch ergeben sich noch immer vielfältige neue Anwendungsfelder und Neuentwicklungen. Durch die Flexibilität der Formgebung und Vielfalt der Materialeigenschaften ist auch auf mehrere Jahre hin kein Rückgang zu erwarten[Ehr07].

Weiterentwicklungen fallen neben der Synthetisierung von Kunststoffen mit neuen und teilweise einstellbaren Materialeigenschaften insbesondere in die Bereiche der Miniaturisierung und Integration zusätzlicher Funktionen in Kunststoffprodukte. Sowohl die Miniaturisierung als auch die erweiterten Funktionalitäten wie Sensorik und Analytik bei gleichbleibendem Platzangebot führen zunehmend zu kleiner werdenden Elementen, welche die klassischen Replikationsverfahren wie Spritzguss, Thermoformen und Extrudieren bereits an ihre Grenzen hinsichtlich der Strukturqualität und Miniaturisierung führen[RR00]. Alternative Verfahren zur Herstellung der Kunststoffteile gewinnen daher an Bedeutung und tragen ihrerseits zur Weiterentwicklung der Replikationstechnologien bei.

Heutige Anforderungen an Kunststoffbauteile beinhalten nicht nur die reine Geometrie wie es für Gehäuseteile, Rahmen und Trägerstrukturen der Fall war, vielmehr werden gezielt Eigenschaften von Kunststoffen modifiziert, um die Funktion der Bauteile erst zu ermöglichen. Als Beispiele werden vor allem Lab-on-Chip Bauteile für Diagnose und Analytik genannt[LG09]. Heißprägen als ein flexibles und präzises Replikationsverfahren hat sich in den vergangenen zwei Jahrzehnten für die Replikation von solchen Kunststoffbauteilen mit Strukturen im Mikrometer-maßstab besonders hervorgetan[BH00].

Der klassische Heißprägeprozess ermöglicht die Herstellung von flachen soge-nannten zweieinhalb dimensionalen $(2\frac{1}{2}D)$ Bauteilen aus einem technischen oder Hochleistungsthermoplast mit Strukturgrößen von einigen Mikrometern bis zu we-nigen Millimetern. Um den Anforderungen in der Mikrosystemtechnik gerecht zu werden und zusätzliche Funktionen in heißgeprägte Bauteile integrieren zu können, ist es notwendig diesen Heißprägeprozess weiterzuentwickeln.

Als Kunststoffprodukt mit vielfältigen Anforderungen wurde ein Dispensing Well Plate (DWP) als Demonstratorbauteil ausgewählt. Dieses beinhaltet typische flui-dische Mikrostrukturen in Form von Mikrokanälen und Reservoirs, es weist mit durchgehenden Öffnungen jedoch auch Strukturen auf, die mit dem konventionel-len Heißprägeprozess nicht abgebildet werden. Für diese Arbeit wurden die DWPs darüber hinaus so erweitert, dass ein unterschiedliches Benetzungsverhalten der Oberflächen in einem Bauteil realisiert werden kann.

DWPs wurden entwickelt, um Flüssigkeitsmengen zwischen $10\,nl$ bis $1000\,nl$ in einem automatisierten Prozess mittels Druckluft von der Oberseite des Bauteils durch eine Düse nach unten zu dosieren[KSBZ04]. Exemplarische Bauteile sind in Abbildung 1.1 gezeigt. Ein DWP besteht aus einzelnen Funktionselementen, die nebeneinander auf dem Bauteil angeordnet sind. Von einem Reservoirbereich führt ein Kanal bis zu einer Düse, die nach unten durch das Bauteil hindurchführt. Da-mit mittels DWP eine Flüssigkeit dosiert werden kann, muss der Kanal auf der Bauteiloberseite hydrophile Eigenschaften aufweisen. Dadurch wird gewährleistet, dass die Flüssigkeit aus dem Reservoir durch Kapillarkräfte in den Kanal wandert und die Düse vollständig befüllt. Im Einsatz der DWPs hat sich jedoch die Proble-matik ergeben, dass das hydrophile Material des Bauteils dafür sorgt, dass Reste der Flüssigkeit nach dem Dosieren an der Bauteilunterseite haften bleiben und zu Kontaminationen in der Analysenanlage führen können. Als neue Anforderung an die DWPs sollen sie so modifziert werden, dass ein Anhaften der Flüssigkeit an der Bauteilunterseite verhindert wird.

Eine weitere Anforderung an die DWPs stellt die Erzeugung durchgehender Dü-sen direkt im Replikationsprozess dar, um eine nachträgliche Formgebung und damit einen zusätzlichen Arbeitsschritt vermeiden zu können. Die DWPs sollen au-

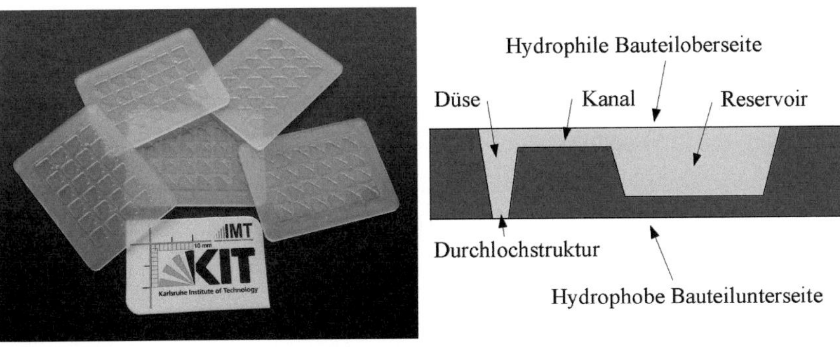

Abb. 1.1.: *Ansicht von fünf heißgeprägten DWPs aus Polycarbonat mit 24 einzelnen Funktionselementen (links) und Detail-Skizze eines einzelnen Funktionselements (rechts)*

ßerdem in bestehenden industriellen Anlagen verwendet werden können, die großformatige Bauteile im Mikrotiterplattenformat handhaben. Die Anforderungen an das Demonstratorbauteil lassen sich in drei Punkten zusammenfassen:

- Herstellung von Durchgangslöchern in einem strukturierten Bauteil

- Herstellung eines großformatigen fluidischen Bauteils im Mikrotiterplattenformat

- Herstellung eines Bauteils mit hydrophiler Oberseite bei gleichzeitig hydrophober Unterseite

Ziel der Arbeit ist es, diese drei Problemstellungen zuerst jeweils einzeln zu lösen und anschließend in einem Demonstratorbauteil zu vereinen. Die Arbeit gliedert sich daher in die Teilbereiche zur Lösung der einzelnen Problemstellungen und die Integration in einem Demonstratorbauteil.

Im zweiten Kapitel werden die Grundlagen der Mikroreplikation erläutert. Zuerst werden die möglichen Mikroreplikationsverfahren zur Herstellung der DWPs, Mikrospritzguss, Nanoimprint und Heißprägen, sowie deren Anwendungen und Grenzen vorgestellt und anschließend hinsichtlich ihrer Eignung für die Mikrostrukturierung bewertet.

Im dritten Kapitel wird die Herstellung von Mehrkomponentenbauteilen behandelt. Zuerst werden geeignete Materialien für das Heißprägen vorgestellt und deren Anwendungen und Grenzen in der Mikroreplikation aufgezeigt. Anschließend werden die Anforderungen an zweischichtige Bauteile verschiedener Thermoplasten erfasst und hinsichtlich ihrer Eignung als Mehrkomponentenbauteile eingeteilt. Abschließend werden Richtlinien zur Herstellung von Mehrkomponentenbauteilen im Heißprägen aufgestellt und der Prozess bewertet.

Im vierten Kapitel wird die Oberflächenbenetzbarkeit von Kunststoffen untersucht. Zuerst werden die verfügbaren Kunststoffe hinsichtlich ihrer Benetzbarkeit klassifiziert und Oberflächenbehandlungsmethoden zur Änderung des Benetzungsverhaltens für hydrophile und hydrophobe Systeme getestet. Als Hilfsmittel zur Änderung des Benetzungsverhaltens werden verschiedene Oberflächenstrukturierungen optimiert. Dafür wird der Einfluss der Halbzeuge, die Strukturtreue sowie der Einsatz von Trennmitteln untersucht und der Zusammenhang zwischen Prozessparametern und der Submikrometerstrukturierung in einer statistischen Versuchsplanung ermittelt.

Im fünften Kapitel werden verschiedene Ansätze zur Herstellung von Durchlöchern vorgestellt und hinsichtlich der erzeugten Strukturen verglichen. Daraus wird ein erweiterter Heißprägeaufbau entwickelt und vorgestellt, der für die Herstellung von Durchlöchern auch für Kleinserien geeignet ist.

Im sechsten Kapitel werden die Erkenntnisse aus den Bereichen der Benetzbarkeit von Kunststoffen, der Erzeugung von Durchlöchern sowie der Herstellung von Mehrkomponentenbauteilen verwendet, um sämtliche Anforderungen in einem Demonstratorbauteil zu vereinen. Um daraus eine industrienahe Herstellung zu ermöglichen, wird die Anpassung eines Handlingsystems zur halbautomatisierten Fertigung sowie die Herstellung von Bauteilen im industriellen Mikrotiterplattenformat gezeigt.

Im abschließenden siebten Kapitel werden die Erkenntnisse der Arbeit zusammengefasst und daraus neue Ansätze zur Herstellung von Mikrostrukturen durch das Heißprägeverfahren aufgezeigt.

2. Kunststoff-Replikation in der Mikrotechnik

Die Bandbreite replizierter Kunststoffbauteile erstreckt sich von kleinen Bauteilen mit funktionellen Strukturen in der Größenordnung weniger Nanometer mittels Nanoimprint bis hin zu meterlangen, kiloschweren Grundkörpern und Gehäusen mittels Thermoformen[Cra04;Thr95;DMS+09]. Für die Herstellung einer solchen Bandbreite unterschiedlicher Strukturen wurden Replikationstechniken verbessert, erweitert oder neu entwickelt, die den speziellen Anforderungen gerecht werden können. Durch die fortschreitende Miniaturisierung vieler Produkte und dem Aufblühen der Mikrotechnik zeigte sich, dass klassische Replikationstechniken der Produktion den erhöhten Anforderungen in der Mikrotechnik nur begrenzt gewachsen sind[BAH03;SDGP07]. Für die Herstellung mikrofluidischer und mikrooptischer Bauteile haben sich insbesondere die Verfahren Mikrospritzguss, Nanoimprint sowie Heißprägen hervorgetan. Diese unterscheiden sich nicht nur in der Technologie, sondern sie sind auch in unterschiedlichen Prozessbereichen angesiedelt und nutzen andere Eigenschaften der Polymere für die Replikation.

2.1. Eigenschaften der Polymere

Die Bezeichnung Polymere umfasst kettenartigen Werkstoffe, die aus mehreren Hundert bis zu Millionen sich wiederholenden Grundbausteinen zusammengesetzt sind. Die Umsetzung von Polymeren in technische Produkte ist erst im Laufe des vergangenen Jahrhunderts aufgeblüht, obwohl Jahrhunderte zuvor bereits natürlich vorkommende Polymere wie Holz und Papier auf Basis von Cellulose oder Seide und tierische Wolle auf Basis von Proteinketten bekannt waren[Eli99]. Moderne polymere Werkstoffe werden mittlerweile jedoch überwiegend künstlich hergestellt, so dass die Bezeichnung Kunststoffe die gebräuchlichen technischen Werkstoffe umfasst und im Bereich der Replikation synonym verwendet wird[GS05].

2.1.1. Herstellung der Polymere

Die technische Herstellung der Kunststoffe basiert auf Polyreaktionen, der Anlagerung einer Vielzahl von Materialbausteinen, sogenannten Monomeren. Neben der häufigsten Polyreaktion zur Herstellung von Kunststoffen, der Polymerisation, haben vor allem die Polykondensation sowie die Polyaddition technische Bedeutung erlangt[LGN10]. Diese drei Polyreaktionen zur Herstellung der Kunststoffe haben gemein, dass die Monomere überwiegend aus organischen Gasen gewonnen werden und dass bei der Polyreaktion Doppelbindungen der Ausgangsstoffe aufgebrochen werden, so dass eine reaktionsfähige Gruppe entsteht, an der sich stets weitere Monomere anlagern können. Die Art des Reaktionsablaufs unterscheidet sich jedoch bei diesen drei Verfahren, so dass unterschiedliche Nebenprodukte und Materialklassen entstehen, die eine spätere Verarbeitung beeinflussen und damit insbesondere für die Replikation von Submikrometerstrukturen von Bedeutung sind.

Bei der Polykondensation werden die Doppelbindungen unter Abspaltung von Nebenprodukten, zumeist Wasser, aufgetrennt. Die Ausgangsstoffe reagieren zu Zwischenprodukten, die in weiteren Schritten zu langkettigen Polymermolekülen reagieren. Die entstehenden Nebenprodukte müssen während der Polykondensation aus dem Reaktionsraum abgeführt werden, um eine Unterbrechung der Reaktionsprozesse zu vermeiden. Verunreinigungen sowie geringe Abweichungen der Anteile der Ausgangsmaterialien können zu einer vorzeitigen Unterbrechung der Reaktion führen, wodurch sich die Eigenschaften der entstehenden Polymere unterscheiden. Durch Polykondensation werden beispielsweise Kunststoffe der Gruppen Polyester und Polyamide hergestellt.

Bei der Polyaddition werden die Polymere ohne die Entstehung von Nebenprodukten erzeugt. Der Reaktionspartner, an dem eine Auftrennung der Doppelbindung erfolgte, erzeugt die Gleichgewichtskonfiguration durch Anbinden eines vom zweiten Reaktionspartner abgespaltenen Protons und einer Bindung an die dadurch verbleibende Reaktionsgruppe[KS10]. Eine große Gruppe mittels Polyaddition hergestellter Polymere sind die Polyurethane.

Bedingt durch das Reaktionsprinzip können bei der Polykondensation sowie der Polyaddition auch Zwischenstufen oder Kettensegmente zu größeren Molekülen reagieren. Bei der Polymerisation hingegen erfolgt der Aufbau der Moleküle, indem wiederholt einzelne Monomere an die wachsende Kette binden. Die wachsende Kette weist ein offenes, reaktionsfreudiges Kettenende auf, das sich in einem chemischen Ungleichgewicht befindet. Durch Aufspalten der Doppelbindung des Reaktionsgases bindet das entstehende Molekül an die Kette. Das Kettenwachstum stoppt erst durch Anbinden eines Fremdmoleküls oder bei vollständigem Verbrauch des Reaktionsgases. Dadurch entstehen Ketten mit unterschiedlichen Längen und das Molekulargewicht liegt über einem breiten Bereich verteilt[Eli71].

Lokale Unterschiede in dem Kunststoff schränken die Reproduzierbarkeit in der Mikroreplikation ein. Um möglichst homogene Kunststoffe herstellen zu können, werden daher überwiegend Reinheiten von 99,5 % und mehr benötigt. Eine Entfernung von Fremdstoffen ist nach der Polyreaktion in vielen Fällen nicht mehr möglich[EK05]. Nach der Reaktion erhaltene Molmassen und Verzweigungen lassen sich nachträglich nicht mehr einstellen, so dass bereits bei der Herstellung der Kunststoffe grundlegende Vorgaben für die Mikroreplikation entstehen. In Kapitel 4.2.1 wird beispielhaft anhand des Molekulargewichtes der große Einfluss der Kunststoffherstellung auf die Replikationseigenschaften untersucht.

2.1.2. Verarbeitbarkeit von Polymeren

Voraussetzungen für die Polyreaktionen sind funktionelle Ausgangsstoffe, die an mindestens zwei Molekülgruppen reaktiv sind. Bifunktionelle Ausgangsstoffe bilden überwiegend Polymere aus unverzweigten und nicht-vernetzten Molekülketten, deren Materialzusammenhalt vor allem auf Verschlaufungen der Moleküle basiert. Bei trifunktionellen und höher funktionellen Ausgangsstoffen werden während der Polyreaktion Verzweigungen gebildet, wodurch die zusätzlichen funktionellen Gruppen kovalente Vernetzungen zwischen den einzelnen Molekülketten ausbilden können. Durch diese intermolekulare Vernetzung der Molekülketten wird ihre Beweglichkeit eingeschränkt und damit die Verarbeitbarkeit der Polymere maßgeblich verändert[Ada88;Wis99].

Bei geringer Vernetzung bleiben die Moleküle durch freie unvernetzte Kettenbereiche beweglich; unter äußerer Krafteinwirkung bewirkt diese Beweglichkeit eine Verformung des Kunststoffes bis die freien Kettenbereiche vollständig gestreckt sind. Nach Abbau der äußeren Kraft wird der energetisch ungünstige Zustand der gestreckten Moleküle wieder abgebaut und zum Ausgangszustand rückgeformt, so dass eine elastische Verformung ermöglicht wird. Bei einer starken Vernetzung ist keine Beweglichkeit der Moleküle mehr möglich, so dass eine Erhöhung der Kraft erst in einem Bruch der Bindungen und damit einer Zerstörung des Materials endet. Die gering vernetzten Polymere werden daher als Elastomere, die stark vernetzten Polymere als Duromere klassifiziert.

Die Thermoplasten, die dritte Polymerklasse, werden aus bifunktionellen Monomeren gebildet und weisen daher keine Vernetzung zwischen den Molekülketten auf. Durch Wärmeeintrag wird die Beweglichkeit der Moleküle erhöht. Während Elastomere und Duromere durch die intermolekulare Vernetzung in ihrer Beweglichkeit eingeschränkt bleiben und kein ausgeprägtes temperaturabhängiges Materialverhalten zeigen, können die Moleküle in Thermoplasten aneinander abgleiten und sich verdrehen. Je nach Molekülzusammensetzung, Fremdstoffen und Umgebungsdruck führt die steigende Beweglichkeit in einem charakteristischen Temperaturbereich zu einem Entschlaufen der Moleküle[MGWV08]. Dadurch wird eine zusätzliche Molekülbeweglichkeit gegeben, die sich in einer sinkenden Viskosität, einem Erweichen des Polymers, ausdrückt. Abbildung 2.1 zeigt eine schematische Darstellung der Ausbildung der Materialgruppen Thermoplaste, Elastomere und Duromere.

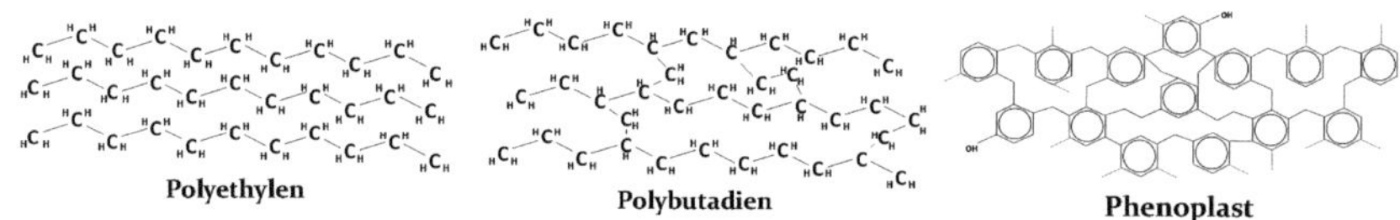

Abb. 2.1.: *Schematische Darstellung der Materialgruppen Thermoplast (links), Elastomer (mitte) und Duromer (rechts) an den Beispielen Polyethylen, Polybutadien und Phenoplast. Die bifunktionellen Monomere der Thermoplaste führen zu kontinuierlichen Polymerketten ohne Vernetzung zu benachbarten Polymerketten. Die Elastomere und Duromere bilden durch reaktive Seitenketten intermolekulare Vernetzungen aus, welche die Molekülbewegung einschränken.*

Neben der kovalenten Bindung zwischen den Molekülketten können Moleküle durch van-der-Waals Kräfte und Wasserstoffbrückenbindungen auch ohne Verschlaufungen einen festen Materialzusammenhalt erzeugen. Weisen die Moleküle aufgrund kurzer oder fehlender Seitenketten eine Form auf, die ein Anlagern des gleichen Moleküls über eine Vielzahl der Polymereinheiten ermöglicht, so können diese kristalline Bereiche ausbilden. Die Moleküle der kristallinen Bereiche werden unter Zufuhr von Wärme zu Schwingungen angeregt, welche den Zusammenhalt lösen und zu frei beweglichen Molekülen führen. Da diese Polymere an den Rändern der kristallinen Bereiche auch verschlaufte Bereiche ohne eine Nahordnung aufweisen und sich unter Wärmezufuhr reversibel erweichen lassen, werden sie als teilkristallin bezeichnet und den Thermoplasten zugeordnet [Ger08].

Der Verarbeitungsprozess dieser beiden Arten von Thermoplasten unterscheidet sich für die Replikation vor allem im Temperaturprozessfenster. Die Thermoplaste mit ungeordneter Molekülanordnung ohne kristalline Bereiche, die amorphen Thermoplaste, weisen einen Temperaturbereich in der Größenordnung von 10 bis zu 50 Grad Kelvin auf, über den sich die Viskosität um zwei Größenordnungen ändert [Cam07]. Bei teilkristallinen Thermoplasten erfolgt die Erweichung aufgrund der steigenden Molekülschwingung innerhalb von etwa ein bis zehn Grad Kelvin. Abbildung 2.2 zeigt das charakteristische Viskositätsverhalten für amorphe und teilkristalline Thermoplaste.

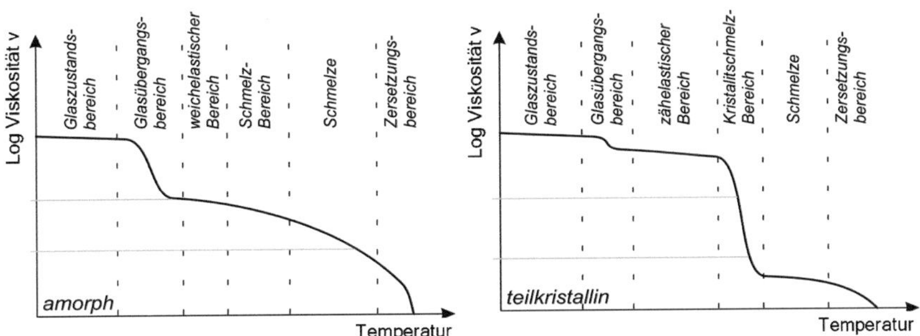

Abb. 2.2.: *Temperaturabhängige Viskosität von Thermoplasten. Amorphe Thermoplaste (links) weisen ein breites Fenster auf, in dem sich die Viskostität um zwei Größenordnungen ändert, bei teilkristallinen Thermoplasten (rechts) erfolgt diese Änderungen innerhalb von einzelnen Grad Kelvin*

Die Verarbeitungstemperaturen der Thermoplaste hängen von dem jeweiligen Temperaturverhalten ab und unterscheiden sich bei den verschiedenen Replikationsprozessen, die aufgrund des benötigten Fließverhaltens auf unterschiedliche Viskositätsbereiche angewiesen sind.

2.2. Spritzguss

Spitzgießen ist das Verfahren, mit dem weltweit der größte Umsatz in der Kunststoffreplikation gemacht wird. Es zeichnet sich besonders durch die kurze Zykluszeit im Bereich weniger Sekunden und der nutzbaren Materialvielfalt aus[Mal01].

2.2.1. Prozessablauf im konventionellen Spritzguss

Der typische Replikationsprozess im Spritzguss beginnt mit der Zuführung des Ausgangsmaterials, dem thermoplastischen Granulat. Für die Replikation steht eine Vielzahl an Kunststoffen in Granulatform zur Verfügung, so dass eine hohe Bandbreite an Materialeigenschaften erhalten werden können. Das Granulat wird für den folgenden Replikationsschritt in einem Trichter oder der Schnecke bis nahe an die Zersetzungstemperatur aufgeheizt und bei niedriger Viskosität in der Heizschnecke durchmischt. Die Schmelze wird von der Schnecke durch eine Hubbewegung zum Anguss befördert und befüllt die Strukturen der Metallform, dem Formeinsatz, unter Drücken bis zu mehreren hundert Megapascal[Mic06]. Abbildung 2.3 zeigt eine schematische Darstellung des Spritzgussverfahrens.

Charakteristisch für das Spitzgießen ist, dass die Kunststoffschmelze eine niedrige Viskosität benötigt, um gleichmäßig durchmischt und von der Schnecke gefördert werden zu können. Daher wird der Kunststoff bis zu 200 Grad Kelvin über den Glasübergangsbereich der amorphen Kunststoffe, bzw. den Kristallitschmelzbereich bei teilkristallinen Kunststoffen erhitzt[Jar08]. Die hohen Temperaturen reduzieren die Viskosität der Schmelze um mehrere Größenordnungen. Da eine ausreichend niedrige Viskosität zur Förderung in der Schnecke für viele technische Thermoplaste jedoch erst im Bereich der Zersetzungstemperatur erreicht wird, verändert sich die molekulare Struktur des Kunststoffes bereits während der Replikation schadhaft. Diese Schädigung verändert die Kunststoffeigenschaften des replizierten Bauteils und führt beispielsweise zu einem reduzierten Molekulargewicht[EP07].

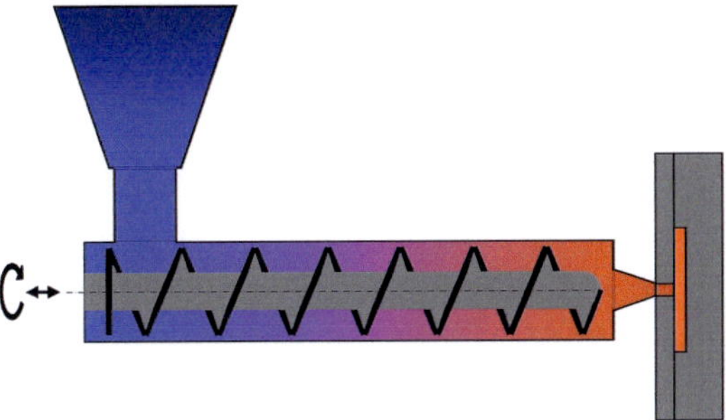

Abb. 2.3.: *Vereinfachte Darstellung des Spritzgussprozesses. Über einen Vorratstrichter wird Granulat in die Schnecke nachgefüllt, dort in der Förderbewegung erhitzt und durchmischt und anschließend in das Formwerkzeug eingespritzt.*

Die Verweilzeit des Kunststoffs in den beheizten Bereichen wird aufgrund der bereits beginnenden Zersetzung möglichst gering gehalten. Bei der anschließenden Befüllung wird die heiße Kunststoffschmelze in den für technische Thermoplaste typischerweise zwischen Raumtemperatur bis $80\,^{\circ}C$ temperierten Formeinsatz unter Druck eingespritzt. Die Temperatur des Formeinsatzes, die unter der Erstarrungstemperatur des Kunststoffes liegt, führt zum Ausbilden einer Haut, einer dünnen Erstarrungsschicht, an der Fließfront der Polymerschmelze[SK04]. Der Druck zur Formfüllung bricht diese Haut wiederholt auf bis die Form ausreichend gefüllt ist. Durch die hohe thermische Masse und die geringe Temperatur des Formeinsatzes erfolgt die Erstarrung des gespritzten Bauteils in Abhängigkeit der Bauteilgröße und Werkzeugtemperatur innerhalb von Sekunden. Durch die Aufrechterhaltung des Einspritzdruckes wird weiteres Material aus der Schnecke und dem Anguß zugeführt, welches eine durch die Wärmeausdehnung bedingte Volumenabnahme kompensiert. Nach der Formbefüllung und dem Erstarren des Kunststoffes wird das Werkzeug geöffnet, das Bauteil durch bewegliche Stifte, sogenannte Auswerferstifte, aus der Form ausgeworfen und anschließend das Werkzeug für den nächsten Replikationszyklus wieder geschlossen[Jar08].

2.2.2. Prozessentwicklungen für die Replikation von Mikrostrukturen

Im Mikrospritzguss wird aufgrund der kleinen Volumen der Mikrobauteile eine höhere Dosiergenauigkeit des eingespritzten Materials benötigt als dies durch die direkte Einspritzung mittels Schnecke ermöglicht wird. Daher wird ein zusätzlicher Einspritzkolben in die Mikrospritzgussanlage integriert. Die Schmelze wird nicht durch die Schubbewegung der vergleichsweise großen Schnecke dosiert und eingespritzt, sondern durch die Schubbewegung des Einspritzkolbens mit einem Durchmesser von wenigen Millimetern. Die Dosierung erfolgt durch ein Rückziehen des Einspritzkolbens, der dadurch den Einspritzzylinder freigibt und Schmelze aus der Schnecke in den Einspritzzylinder fördern lässt. Durch den gemessenen Schmelzendruck und die Förderbewegung der Schnecke kann über die Zeit das Fördervolumen ermittelt werden. Der Kolben schließt bei Erreichen des eingestellten Volumens und spritzt die Schmelze in die Kavität ein[JM04]. Durch die horizontale Einspritzung des Kolbens weisen typische Mikrospritzgussanlagen eine um 45° oder 90° verdrehte Anordnung der Schnecke auf, wie schematisch in Bild 2.4 dargestellt wird.

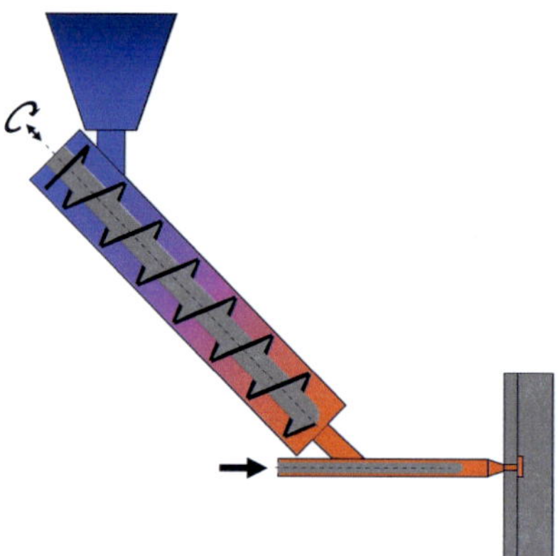

Abb. 2.4.: *Schematische Darstellung einer Mikrospritzguss-Anlage mit der Heizschnecke und dem zusätzlichen Zuführkolben. Die Einspritzung wird durch den zusätzlichen Zuführkolben realisiert, wodurch eine genauere Volumendosierung im Vergleich zur Dosierung über die Schnecke ermöglicht wird.*

Da Mikrostrukturen mit dem konventionellen Spritzgussprozess nicht hinreichend abgebildet werden können, wurden weitere Modifikationen des Replikationsprozesses entwickelt. Die größte Herausforderung, das vollständige Füllen der Mikrostrukturen ohne vorzeitiges Erstarren, wird durch eine zyklische Temperierung des Formeinsatzes verbessert. Dazu wird der Formeinsatz über die Glasübergangstemperatur erwärmt und die Kunststoffschmelze in den erwärmten Formeinsatz eingespritzt. Da die Viskosität der Schmelze mit sinkender Temperatur abnimmt, muss die Temperatur des Formeinsatzes über die Glasübergangstemperatur erwärmt werden, um durch den Nachdruck ein Fließen der Schmelze in die letzte Kavität zu gewährleisten. Dieser sogenannte variotherme Prozess kann zwar die Formfüllung der Strukturen deutlich verbessern, die für die Produktion oftmals maßgeblichen Zykluszeiten werden jedoch teilweise von unter zehn Sekunden auf mehrere Minuten erhöht, so dass sich der variotherme Prozess in der Produktion bisher nur in Randbereichen durchgesetzt hat [BG08].

Eine andere Erweiterung besteht in der Evakuierung des Formeinsatzes vor dem Einspritzen. Hierdurch wird Luft aus den Kavitäten entfernt, die zu einer unvollständigen Formfüllung oder Lufteinschlüssen in den Strukturen führen können. Als weitere Modifikation des Spritzgusses in Anlehnung an das Heißprägen wurde das Spritzprägen entwickelt. Hierbei wird dem Einspritzen ein mittels Schließbewegung des Werkzeuges realisierter Prägehub nachgeschaltet, der die Kunststoffschmelze in die Kavitäten prägt. Dieser Prozess kann die Strukturqualität erhöhen und die anisotrope Molekülorientierung reduzieren, der Spritzprägeprozess wird allerdings noch entwickelt [Goo04].

2.3. Nanoimprint

Als Verfahren aus der Elektronik und Halbleiterindustrie hat sich Nanoimprint für die Herstellung von Strukturen bis in den einstelligen Nanometerbereich durchgesetzt. Die Bezeichnung Nanoimprint umfasst dabei verschiedene Verfahren zur Herstellung der Strukturen.

Das Contact Printing, auch Soft-Lithography genannt, arbeitet mit weichen Stempeln, meist PDMS, und basiert auf dem Übertrag einer dünnen Schicht eines flüssigen Präkursors, einer nicht vollständig auspolymerisierten Zwischenstufe zum

Polymer, auf einem metallischen Substrat mit anschließender Ätzung der Strukturen. Dabei wird in einem ersten Schritt ein strukturierter weicher Stempel in den flüssigen Präkursor getaucht und die Flüssigkeit von den vorstehenden Strukturbereichen des Stempels auf das Substrat gedrückt. Dabei verbleibt lokal der flüssige Präkursor auf dem Substrat und bildet eine wenige Nanometer dicke Schicht. Um die Strukturen in das Substrat zu übertragen wird mittels Ätzverfahren das Substrat selektiv zwischen den aufgetragenen Schichten entfernt[Eft08].

Das Dip-Pen Imprinting oder Nanoplotting Verfahren ist ein direktschreibendes Verfahren und basiert auf dem Übertrag einer Flüssigkeit auf ein Substrat, indem eine mit Flüssigkeit benetzte Spitze wenige Mikrometer über der zu strukturierenden Oberfläche entlang fährt. Dabei bildet sich zwischen der Spitze und der Oberfläche ein Flüssigkeitsmeniskus aus, durch den die Flüssigkeit auf die zu schreibenden Flächen übertragen wird. Auch bei diesem Verfahren kann eine Tiefenstrukturierung durch einen nachfolgenden Ätzprozess erfolgen[RR03].

Das am weitesten verbreitete und bekannteste der Nanoimprint Verfahren ist das UV Nanoimprint. Das UV Nanoimprint basiert auf einer Polyreaktion des Kunststoffes in der zu replizierenden Form mittels eines externen Initiators, wie UV Licht. Die Replikation erfolgt mit auf den Initiator sensitiven Katalysatoren und Präkursoren, die in flüssiger Form auf den strukturierten Master gegossen werden und die Strukturen abbilden[CP07]. Zum Aushärten des Kunststoffes wird anschließend der Reaktionsprozess gestartet. Dieser wird meistens mittels UV-Licht initiiert, kann aber auch durch andere Impulse wie Temperatur, Röntgenstrahlung oder Laserstrahlung gestartet werden. Nach dem Aushärten des Kunststoffes wird das Bauteil aus dem Master entfernt[Bhu04].

Das thermische Nanoimprint stellt eine vereinfachte Form des Heißprägens dar und wird daher im Kapitel Heißprägen genauer erläutert.

2.4. Heißprägen

Heißprägen hat sich als Verfahren zur Replikation von Kunststoffteilen mit Strukturhöhen zwischen einem Mikrometer bis zu zehn Millimetern und lateralen Abmessungen bis $150\,mm$ in der Forschung und Entwicklung etabliert. Der Grund für die geringe Verbreitung in der Produktion ist den vergleichsweise langen Zykluszeiten geschuldet, die je nach Kunststoff und Strukturen zwischen zehn Minuten bis zu einer Stunde betragen können. Die Präzision, Flexibilität und Materialvielfalt führen jedoch dazu, dass für die Replikation mittels Spritzguss oder Nanoimprint wiederholt heißgeprägte Kunststoffteile als Referenz angegeben werden[WK07;SMRC+09;HS04;SDG+00].

2.4.1. Aufbau von Heißprägeanlagen

Als Grundkörper für die Replikation mittels Heißprägen werden Anlagen eingesetzt, die über einen steifen Rahmen mit einer beweglichen und einer feststehenden Traverse verfügen, vergleichbar mit einer Zugprüfmaschine. Die für das Heißprägen benötigten Anlagen zeichnen sich durch eine präzise Führung der beweglichen Traverse zur feststehenden Traverse mit lateralen Wiederholgenauigkeiten unter zehn Mikrometern, durch eine Kraftmessung zum Erfassen der Präge- und Entformkraft sowie durch Überwachung und Regelung von Temperaturen, Kraft und Position aus. Der typische Aufbau einer Heißprägeanlage ist in Abbildung 2.5 dargestellt.

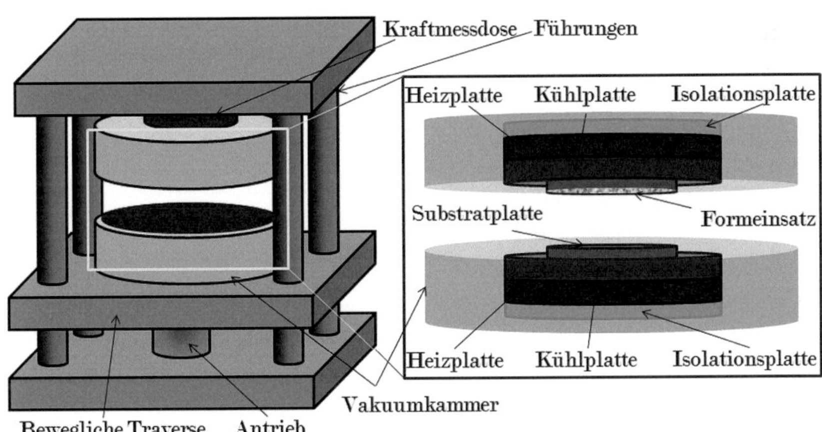

Abb. 2.5.: *Schematischer Aufbau einer Heißprägeanlage*

Zwischen den Traversen befinden sind die Kraftmessdose, Temperiereinheit, Vakuumkammer und Werkzeugplatten. Der Antrieb der beweglichen Traverse erfolgt entweder hydraulisch oder über einen Spindelantrieb wie in den frühen Heißprägeanlagen vom Typ WUM (Warmumformmaschine, Eigenentwicklung des Instituts), auf denen die kommerziell erhältlichen Anlagen HEX01 bis HEX04 der Firma Jenoptik Mikrotechnik basieren. An der feststehenden Traverse wird eine Kraftmessdose im Kraftfluss der Anlage mit einer Genauigkeit von unter $10\,N$ integriert, um eine hohe Präzision für die erforderlichen geringen Kräfte während des ersten Antastkontaktes zu gewährleisten. Die maximalen Kräfte liegen zwischen $200\,kN$ bis $500\,kN$ für kommerzielle Anlagen, beziehungsweise bis zu $1000\,kN$ bei der Instituts-Heißprägeanlage Wickert WMP1000 auf hydraulischer Basis.

Typische Prägekräfte liegen zwischen einigen Kilonewton für kleine Bauteile oder niederviskose Schmelzen bis zu knapp $1000\,kN$ für großformatige Bauteile. Typische Bauteilgrößen für Prototypen weisen eine Prägefläche von etwa $2000\,mm^2$ und eine Prägekraft von $100\,kN$ auf, wodurch sich ein mittlerer Prägedruck von knapp $50\,MPa$ ergibt. Je nach Kunststoff und Strukturgröße werden beim Heißprägen Prägedrücke zwischen $10\,MPa$ bis $100\,MPa$ erzeugt.

Für die Aufheizung werden aus Kostengründen und aufgrund der Zeitersparnis meist elektrische Heizpatronen eingesetzt, da diese über eine hohe Energiedichte verfügen, eine gute Wärmeleitung und damit kurze Zykluszeiten ermöglichen. Für Abformungen, bei denen auf das Grad genau temperiert werden muss, werden Anlagen mit Öltemperierung eingesetzt. In diesen Anlagen wird das Öl in einem externen Aggregat auf die Heiztemperatur gebracht und temperiert das Werkzeug kontinuierlich auf die gewünschte Temperatur. Zur Kühlung kann das Öl selbst gekühlt werden, so dass kein weiterer Temperierkreislauf in dem Werkzeug vorgesehen werden muss. Bei Verwendung elektrischer Heizpatronen wird eine zusätzliche Kühlung benötigt, typischerweise eine mit Öl oder Wasser durchströmte Werkzeugplatte.

Die Temperiereinheit sowie der Formeinsatz sind während dem Prägezyklus von einer Vakuumkammer umgeben, so dass die Luft aus den Kavitäten abgesaugt werden kann. Verbleibt Luft in den Strukturen des Formeinsatzes, so wird eine vollständige Befüllung der Strukur verhindert und die Luftfeuchtigkeit kann Polymer und Formeinsatz unter hohen Prägetemperaturen korrodieren. Der Formeinsatz wird üblicherweise auf die obere Temperiereinheit geschraubt und mit einem Temperatursensor versehen, über den die Prägetemperatur in Kunststoffnähe ermittelt werden kann. Auf die untere Temperiereinheit wird eine Substratplatte geschraubt und ebenfalls mit Temperatursensoren ausgestattet.

2.4.2. Prozessablauf im Heißprägen

Der typische Prozessablauf beim Heißprägen lässt sich in mehrere Schritte unterteilen und ist graphisch in Anhang A.1 dargestellt.

- Eine Kunststofffolie mit einer Dicke zwischen $100\,\mu m$ bis zu wenigen Millimetern wird auf die Substratplatte eingelegt.

- Die Vakuumkammer um das Werkzeug, den Formeinsatz und den Kunststoff wird durch die Fahrbewegung der Traverse geschlossen.

- Die Vakuumkammer wird auf $10 - 100$ Pascal evakuiert.

- Die sogenannten Antastkraft wird durch eine weitere Schließbewegung der Traversen aufgebaut. Diese werden so lange aufeinander zu gefahren, bis eine vorab definierte Kraft auf das Kunststoffhalbzeug wirkt.

- Der Formeinsatz und das Kunststoffhalbzeug werden unter Beibehaltung der Antastkraft aufgeheizt. Die Antastkraft sorgt für einen kontinuierlichen Kontakt zwischen Werkzeug und Kunststoff von beiden Seiten, so dass ein homogener Wärmeeintrag ermöglicht wird. Um eine Zerstörung der Mikrostrukturen durch einen temperaturbedingten Kraftanstieg zu vermeiden, wird die Wärmeausdehnung während dem kraftgesteuerten Aufheizvorgang ausgeglichen.

- Nach Erreichen der Prägetemperatur wird die Prägekraft durch eine konstante Schließbewegung isotherm mit hundert bis fünfhundert Mikrometern pro Minute aufgebaut. Der Kraftanstieg bis zur definierten Prägekraft erfolgt exponentiell, so dass eine präzise Weg- und Kraftregelung notwendig ist.

- Über eine festgelegte, isotherme Haltezeit wird die Temperaturverteilung in der Kunststoffschmelze homogenisiert, die Druckunterschiede in der Restschicht reduziert und die Restschichtdicke verringert.

- Die Abkühlung des Formeinsatzes und des Kunststoffbauteils erfolgt unter konstanter Kraft. Durch die Kompensation der Wärmeausdehnung wird die Kammer während der Abkühlung noch weiter geschlossen. Das Aufrechthalten der Prägekraft ist notwendig zur Schwindungsreduzierung und zur Vermeidung von Einfallstellen, Bereiche, die aufgrund der temperaturbedingten Volumenminderung von der Oberfläche ins Bauteilinnere gesunken sind.

- Zum Entformvorgang wird die Temperatur fünf bis zwanzig Grad unterhalb der Erweichungstemperatur konstant gehalten und die Entformung durch eine konstante Öffnungsbewegung durchgeführt.

- Abschließend erfolgt eine weitere Kühlung auf die Entnahmetemperatur.

- Die Vakuumkammer wird mit Stickstoff belüftet und danach geöffnet.

- Das heißgeprägte Bauteil wird entnommen.

2.5. Vergleich der Replikationstechniken

Spritzguss, Nanoimprint, Heißprägen - jedes der Replikationsverfahren hat besondere Vorteile, das es gegenüber den anderen Verfahren auszeichnet. Die Eignung der Replikationsverfahren zur Herstellung mikrostrukturierter Bauteile wie DWPs wird anhand von typischen Strukturen der Mikrofluidik und Mikrooptik untersucht.

Für die Herstellung der DWPs sind mehrere Anforderungen zu erfüllen. Die Erfüllung der wichtigsten Anforderungen, die Erzeugung von durchgängigen Öffnungen, die Erzeugung unterschiedlicher Benetzungseigenschaften an der Ober- und Unterseite sowie die Bauteilherstellung im industriellen Mikrotiterplattenformat, werden im Rahmen der folgenden Untersuchungen verglichen. Als Auswahlkriterium für das Replikationsverfahren sind insbesondere die Herstellbarkeit von Mehrkomponentenbauteilen, geringe innere Spannungen für flache mikrostrukturierte Bauteile sowie die Strukturtreue für die Bauteilfunktion und für definierte Modifikationen der Oberflächenstruktur von Bedeutung.

2.5.1. Mehrkomponentenreplikation

Die Herstellung von Mehrkomponentenbauteilen wird im Mehrkomponentenspritzguss durch eine Modifikation des Einspritzvorgangs realisiert, indem mehrere Einspritzeinheiten verwendet werden. Damit wird es möglich, unterschiedliche Kunststoffe in einem Bauteil zu verwenden, ohne das Teil entnehmen und in einer anderen Maschine wieder einsetzen zu müssen. Die Einspritzung der verschiedenen Kunststoffe kann entweder zeitgleich oder auch zeitlich nacheinander ablaufen. Bei zeitgleicher Einspritzung treffen die Fließfronten der Kunststoffe im Bauteil aufeinander und bilden dort eine Schichtgrenze aus oder vermischen sich teilweise. Bei zeitlich versetzter Einspritzung wird zuerst der Kunststoff mit der höheren Schmelztemperatur eingespritzt und die Form anschließend mit dem zweiten Kunststoff befüllt. Die Grenze bildet sich hierbei entweder durch eine unvollständige Füllung des ersten Kunststoffes an der Erstarrungfront aus oder definiert durch eine zusätzliche Veränderung des Formeinsatzes, beispielsweise einer Werkzeugöffnung. Der Mehrkomponentenspritzguss ist ein etabliertes Verfahren, mit dem auch dreidimensionale Strukturen hergestellt werden können[GL02].

In den Nanoimprint Verfahren werden aufgrund der geringen Strukturhöhen nur einzelne Polymere strukturiert. Lediglich mittels UV Nanoimprint werden überwiegend Strukturhöhen von über einem Mikrometer hergestellt. Mehrkomponentenreplikation konnte mit den Nanoimprint Verfahren noch nicht gezeigt werden. Vorstellbar wäre eine Mehrkomponentenreplikation mittels UV Nanoimprint, in dem zwei nicht mischbare, UV vernetzende Flüssigkeiten in die Form eingefüllt werden und anschließend gemeinsam durch UV Anregung zu einer Vernetzung führen.

Im konventionellen Heißprägeprozess werden nur Kunststofffolien eines Materials eingesetzt. Durch die manuelle Prozessgestaltung können jedoch auch Kunststofffolien unterschiedlicher Materialien in die Anlage gelegt werden. Auf die Voraussetzungen für Mehrkomponentenbauteile im Heißprägen wird in Kapitel 3.2 genauer eingegangen.

Eine Herstellung von Mehrkomponentenbauteilen lässt sich theoretisch mit allen drei Mikroreplikationsverfahren umsetzen. Aufgrund der starken Einschränkung hinsichtlich der verwendbaren Kunststoffe, wird das UV Nanoimprint jedoch bei den weiteren Untersuchungen nicht weiter betrachtet.

2.5.2. Innere Bauteilspannungen

Zur Ermittlung von inneren Spannungen in replizierten Kunststoffteilen kann eine optische Doppelbrechungsanalyse eingesetzt werden[PK06]. Für den Vergleich wurden Probeteile in Polycarbonat und Polypropylen mittels Mikrospritzguss und mittels Heißprägen hergestellt und anschließend untersucht. Die Doppelbrechungsanalyse der Proben wurde als qualitative vergleichende Messung durchgeführt, ein absolutes Maß der inneren Spannungen kann damit nicht ermittelt werden[WLTJ09].

Für die Doppelbrechungsanalyse wurde ein Laser der Wellenlänge $800\,nm$ mittels einer Glasfaser durch einen sogenannten Modendreher geleitet. Darin werden die Laserwellen so vorausgerichtet, dass sie überwiegend eine parallele Ausrichtung zum nachgeschalteten Polfilter, auch Polarisator genannt, vorweisen. Durch den Polfilter wird nur der Anteil durchgelassen, deren Wellen eine Ausrichtung parallel zum Polfilter aufweisen. Der gefilterte Strahl durchläuft anschließend die Probe und wird hinter der Probe durch einen zweiten Polfilter geleitet, dessen Gitter senkrecht zum ersten Polfilter angeordnet ist. Hinter dem zweiten Polfilter wird die Intensität des verbliebenen Laserstrahls detektiert. Abbildung 2.6 zeigt den Messaufbau zur qualitativen Ermittlung der inneren Bauteilspannungen.

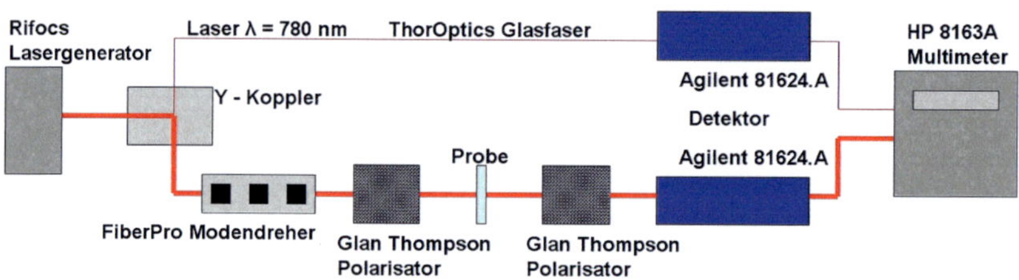

Abb. 2.6.: *Versuchsanordnung zur vergleichenden Bestimmung der inneren Bauteilspannungen mittels Doppelbrechungsanalyse.*

Bei freiem Strahlengang wird das Laserlicht durch den ersten Polfilter in der Wellenorientierung ausgerichtet. Trifft dieser Strahl anschließend auf einen zweiten Polfilter, der senkrecht zum ersten angeordnet ist, so wird idealerweise kein Licht im Detektor erfasst, da der zweite Polfilter die senkrechten Wellen nicht durchlässt.

Wird nun eine Probe in den Laserstrahl zwischen die Polfilter gestellt, der für eine Verdrehung der Wellenorientierung sorgt, so kann der Laser im Detektor wieder erfasst werden. Das Maß der Intensität im Detektor ist damit ein Maß für die Verdrehung der Wellen im Laserstrahl, welche von der Ausrichtung der Moleküle in der Probe und damit von der inneren Spannung bei gleichem Material abhängt. Um Schwankungen der Laserquelle kompensieren zu können, wird ein zehnprozentiger Anteil des Lasers über einen Y-Koppler direkt an einen Detektor geleitet. Mit diesem Signal werden die Schwankungen rechnerisch in der Auswertung neutralisiert.

Die Proben wurden an der gleichen Position auf der Struktur vermessen, um den Einfluss unterschiedlicher Oberflächeneigenschaften zu minimieren. Außerdem wurden die Messungen während einer 360° Drehung der Proben um die Strahlachse durchgeführt und der jeweils höchste Wert verwendet, um eine unterschiedliche Ausrichtung der Moleküle zu kompensieren. Im Vergleich des amorphen Kunststoffs Polycarbonat (PC) konnte ein Anstieg der Intensität bei einer spritzgegossenen Probe zu einer heißgeprägten Probe zwischen zwei bis drei Prozent nachgewiesen werden, im Falle des teilkristallinen Kunststoffes Polypropylen (PP) hingegen wurde ein Anstieg der Intensität von fast 50 Prozent ermittelt. Diese Messung ermöglicht einen relativen Vergleich der inneren Spannungen, aus dem sich höhere Spannungen von spritzgegossenen Teilen insbesondere für teilkristalline Kunststoffe zeigen. Die höheren inneren Spannungen spritzgegossener Bauteile stammen von dem im Vergleich zum Heißprägen langen Fließweg der Polymerschmelze, der unmittelbar nach dem Einspritzen eingefroren wird und damit eine höhere Molekülorientierung aufweist.

2.5.3. Formfüllung von Mikrostrukturen

Als Teststrukturen zum Vergleich der Formfüllung wurde ein durch Röntgentiefenlithographie und Nickelgalvanik (LIGA)[SW08] hergestellter Formeinsatz mit Mikrozahnrädern verwendet[MPP+10]. Abbildung 2.7 zeigt eine Aufnahme mittels Rasterelekronenmikroskopie (REM) von zwei der Funktionselementen im Formeinsatz. Die kleinsten Funktionselemente auf dem Formeinsatz beinhalten Strukturen mit einer minimalen Stegbreite von 7 Mikrometer bei einer Tiefe von 350 Mikrometer.

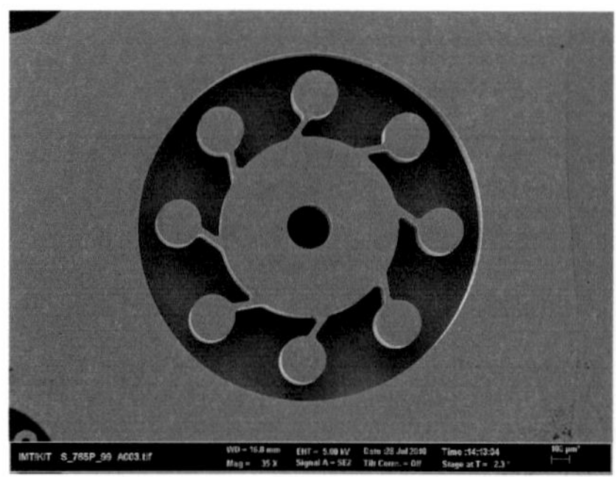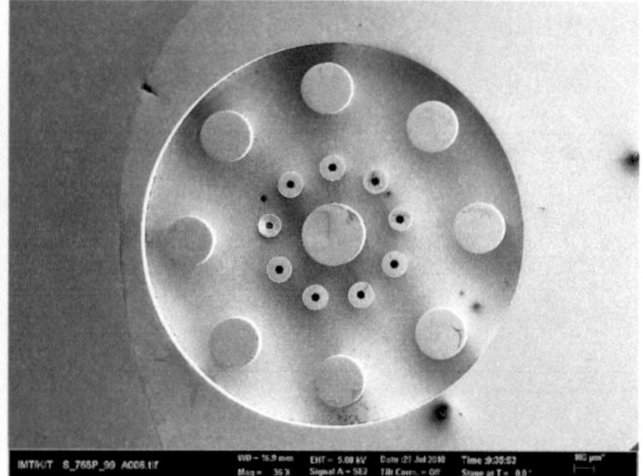

Abb. 2.7.: *REM-Aufnahmen der kritischen Mikrostrukturen im Formeinsatz*

Für die Replikation der DWPs im Mikrotiterplattenformat ist aufgrund der makroskopischen Bauteilgröße weniger die genaue Dosierung des eingespritzen Materials von Bedeutung. Durch die Restschicht des Testbauteils erhält es eine unkritische Masse, die mit konventionellen Spritzgussanlagen problemlos dosiert werden können. Für den Vergleich der beiden Replikationsverfahren wurden die spritzgegossenen Bauteile daher mit einer konventionellen Anlage hergestellt, die hinsichtlich der Replikation von Mikrostrukturen optimiert wurde durch die variotherme Prozessführung und die Werkzeugevakuierung.

Die Prozessparameter der Replikationen mittels Heißprägen und Spritzguss wurden so eingestellt, dass bestmögliche Replikationsergebnisse erzielt werden. Anschließend wurden die replizierten Strukturen in einem Rasterelektronenmikroskop verglichen. Mit beiden Verfahren konnten die Strukturen mit den geringsten Stegbreiten von $7\,\mu m$ vollständig repliziert werden. Ein Unterschied der Formfüllung ergab sich jedoch in den angussfernen Strukturen, die Stegbreiten von $20\,\mu m$ aufweisen.

Replikationen in PMMA Hesaglas werden in den Abbildungen 2.8 und 2.9 gezeigt. Die heißgeprägten Bauteile zeigen vollständig gefüllte Strukturen, selbst Unebenheiten und Riefen aus dem Herstellungsprozess des Formeinsatzes werden in das heißgeprägte Bauteil umkopiert. Die spritzgegossenen Mikrostrukturen weisen hingegen an Engstellen, an denen Fließfronten aufeinandertreffen oder sich verjüngen, unvollständige Formfüllungen auf.

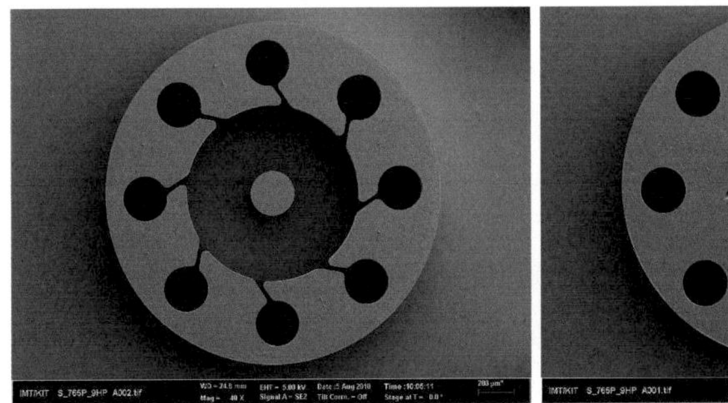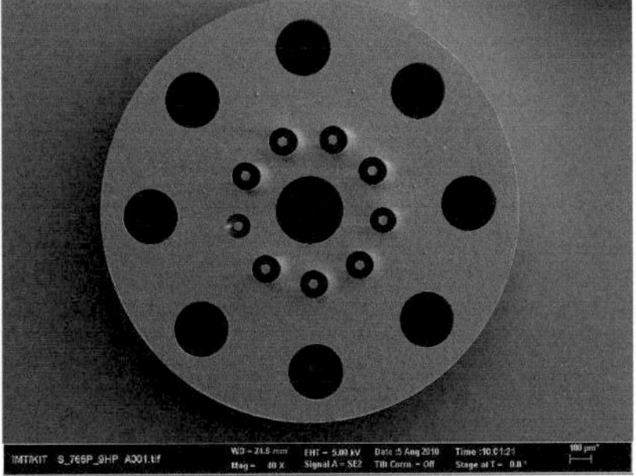

Abb. 2.8.: *Rasterelekronenmikroskopische Aufnahmen der kritischen Strukturen heißgeprägt in PMMA. Selbst Fertigungsspuren wurden durch den Heißprägeprozess umkopiert.*

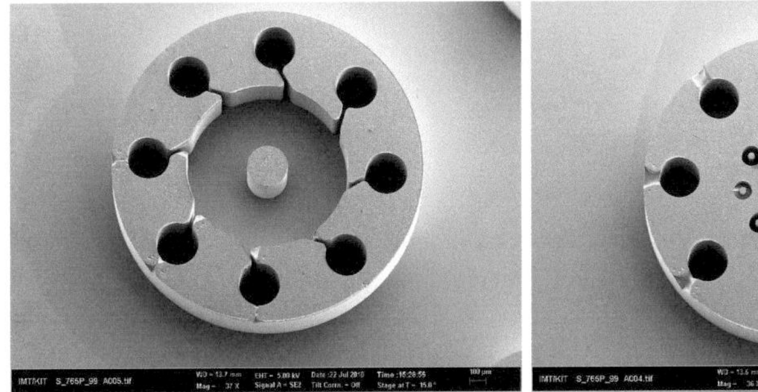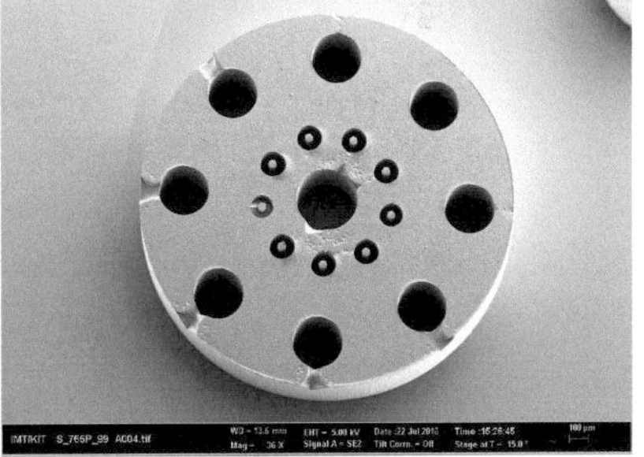

Abb. 2.9.: *Rasterelekronenmikroskopische Aufnahmen der kritischen Strukturen spritzgegossen in PMMA. An angussfernen Engstellen zeigen sich mehrere Fehlstellen.*

2.5.4. Entformen von Mikrobauteilen

Der kritische Schritt bei der Replikation von Mikrostrukturen im Spritzguss stellt die vollständige Formfüllung der Kavitäten dar, im Heißprägeprozess hingegen kann die Formfüllung durch die isotherme Prägung, die kurzen Fließwege vom Halbzeug in die Kavitäten und den parallele Kraftfluss zu den Formeinsatzkavitäten gewährleistet werden. Bei einer vollständigen Formfüllung von Mikrostrukturen stellt daher die Bauteilentformung den kritischen Prozessschritt dar. Die Entformung wird beim Spritzguss durch Auswerferstifte ermöglicht, welche das Bauteil mit hoher Kraft aus den Kavitäten schieben. Bei Strukturen mit hohen Aspektverhältnissen werden jedoch so hohe Haftkräfte im Formeinsatz erzeugt, dass die

Strukturen während dem Auswerfen abreißen können und in dem Formeinsatz verbleiben.

Selbst bei hoher Seitenwandqualität und leichten Entformschrägen treten bei der Replikation Entformkräfte auf. Diese entstehen durch die höhere Wärmeausdehung des Kunststoffes im Vergleich zum Metall-Formeinsatz. Das Bauteil zieht sich während dem Abkühlen zusammen und bewirkt Normalkräfte auf die Seitenwände im Formeinsatz, die in Richtung des Bauteilmittelpunktes gerichtet sind. Abbildung 2.10 zeigt eine schematische Darstellung zur Entstehung von Entformkräften bei der Mikroreplikation.

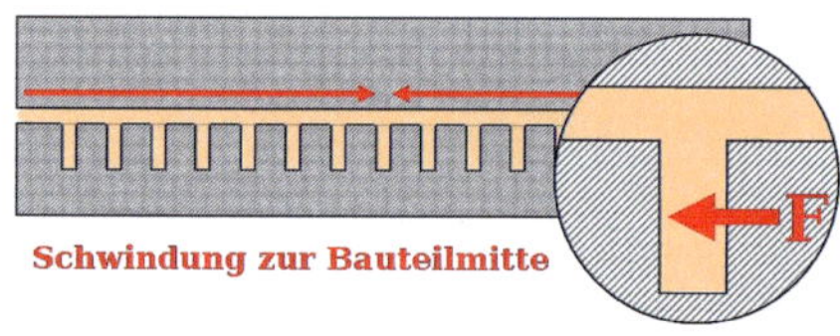

Abb. 2.10.: *Schematische Darstellung zum Entstehen von Entformkräften*

Neben den durch die unterschiedlichen Wärmeausdehnungen bedingten Entformkräften entstehen auch durch leichte Hinterschneidungen der Kavitäten im Formeinsatz Entformkräfte. Bei Strukturen mit Mikrometerabmessungen wirken bereits Oberflächenrauheiten im oberen Nanometerbereich wie Hinterschnitte und erschweren die Entformung. In Abhängigkeit des Formeinsatzes, der Prägefläche, dem geprägten Thermoplasten und dem Prozess werden Bauteile repliziert, die Entformkräfte von wenigen Newton bis zu mehreren Kilonewton aufweisen.

Während im Spritzguss aus Gründen der Zeitersparnis die Entformkraft lokal über wenige Frontflächen der Auswerferstifte aufgebracht wird, ermöglicht die Entformung durch die flächige Adhäsion der Restschicht an der Substratplatte eine parallele, verzugfreie Entformbewegung aus den Kavitäten heraus. Durch den mit $100\,\mu m$ bis $500\,\mu m$ pro Minute langsamen und isothermen Entformvorgang knapp unterhalb der Erstarrungstemperatur kann eine Entformung selbst von großflächen Strukturen mit einem hohen Aspektverhältnis gewährleistet werden, dies bedingt jedoch eine längere Zykluszeit.

2.6. Prozessbewertung für die Herstellung von Mikrobauteilen

Der Hauptvorteil des Spritzgussverfahrens, die kurzen Zykluszeiten und damit die geringen Kosten für Bauteile von denen große Stückzahlen hergestellt werden, sorgt dafür, dass der Spritzguss kontinuierlich auch für die Mikrotechnik angepasst und weiterentwickelt wird. Die vergleichsweise hohen Investitionskosten für die Herstellung eines neuen Bauteils, welche sich aus der Anschaffung eines neuen Werkzeugs für die Spritzgussanlage ergeben, beschränken die Wirtschaftlichkeit des Spritzguss auf Kunststoffteile, von denen mindestens dreistellige Stückzahlen hergestellt werden[Wor09]. Der Wechsel von einem Design zu einem anderen erfolgt im Heißprägen vergleichsweise günstig, da nur der Formeinsatz gewechselt werden muss. Auch der Umbau selber kann durch standardisierte Maschinenplatten innerhalb einer Minute erfolgen, während für die Umrüstung einer Spritzgussanlage zumeist mehrere Stunden angesetzt werden.

Auch bei einem Wechsel des Kunststoffes muss im Spritzguss die Schnecke vollständig gereinigt oder ausgetauscht werden. Da meistens Restmengen des Kunststoffes in der Schnecke verbleiben, wird für jeden Kunststoff eine eigene Schnecke verwendet, die bei einem Materialwechsel ausgetauscht werden muss. Ein Materialwechsel ist daher vergleichsweise zeitaufwändig, während im Heißprägen lediglich die Substratplatte gewechselt und eine Folie des anderen Materials eingelegt wird.

Da der Heißprägeprozesses nicht hinsichtlich einer kurzen Zykluszeit optimiert wurde, ist eine Anwendung in der industriellen Produktion bisher lediglich in Spezialanwendungen rentabel und führt zu auf die spezielle Anwendung angepassten Prozessen. Eine teilweise Automatisierung des Heißprägens durch Einlegen der Halbzeuge und Entnahme des geprägten Bauteils von einem Roboter und die parallele Replikation auf einer größeren Fläche erhöhen bereits die Wirtschaftlichkeit des Prozesses. Der manuelle Vorgang beim Heißprägen zeigt hingegen den Vorteil einer hohen Flexibilität.

Da die Prägedrücke während dem Heißprägeprozess im Schnitt nur etwa 25 % der benötigten Drücke im Spritzguss betragen, werden die Formeinsätze im Heißprägen geschont. Bei kritischen Strukturen wie optischen Gittern kann damit eine entscheidende Verlängerung der Nutzungsdauer von Formeinsätze erreicht werden[VKK+10]. Aufgrund der schonenden Replikation beim Heißprägen werden von teuren und aufwändigen Formeinsätzen teilweise vor der ersten Replikation im Spritzguss Replikationen mittels Heißprägen hergestellt, die als Sicherungskopie dienen und im Schadenfall des Formeinsatzes über eine zweite Galvanik zu einem Ersatzformeinsatz kopiert werden können[WGM+08].

Aufgrund der höheren Strukturqualität bei Mikrobauteilen des Heißprägeprozesses im Vergleich zum Spitzgießprozess und der geringen durch den Replikationsprozess eingebrachten inneren Spannungen hebt sich das Heißprägen besonders für die Herstellung der DWPs hervor. Auch die hohe Flexibilität bei Strukturen, von denen eine Vielzahl unterschiedlicher Kunststoffe repliziert werden sollen, führt auf das Heißprägen als geeigneten Replikationsprozess für die weiteren Untersuchungen.

3. Herstellung von Mehrkomponentenbauteilen im Heißprägeprozess

Der Heißprägeprozess wurde für die Umformung von thermoplastischen Folien zu einseitig strukturierten Bauteilen entwickelt, im Falle der Dosierung mittels Dispensing Well Plates sind jedoch auch die Eigenschaften der Bauteilrückseite von Bedeutung. Für das Ziel die Benetzungseigenschaften der Bauteiloberseite und der Bauteilunterseite unterschiedlich realisieren zu können und das Bauteil dennoch in einem Replikationsschritt herzustellen, wird der Einsatz von zwei Folien aus unterschiedlichem Material zur Herstellung von Mehrkomponentenbauteilen untersucht. Dafür wird zuerst erfasst, welche Materialien für die Replikation mittels Heißprägen eingesetzt werden können und anschließend, wie sich Bauteile aus mehr als einer Komponente heißprägen lassen.

3.1. Materialien für das Heißprägen

In Replikationsverfahren wie dem Heißprägen, in denen durch Kopierschritte Bauteile aus einer Masterstruktur hergestellt werden, werden aufgrund der temperaturabhängigen reversiblen Materialeigenschaften überwiegend Thermoplaste eingesetzt. In Heißprägeversuchen wurde daher eine breite Auswahl aus den verschiedenen Kunststoffklassen verwendet und hinsichtlich ihrer Mikrostrukturierbarkeit bewertet. Neben den Kunststoffen wurde auch die Eignung anderer Materialklassen wie Metalle und Keramiken untersucht.

Die Klassifizierung der Thermoplaste ist nicht einheitlich geregelt. Neben der Gruppe der technischen Thermoplasten wird teilweise zusätzlich unterschieden in Styrolpolymere wie Polystyrol (PS), Styrol-Acrylnitril (SAN) oder Acrylnitril-Butadien-Styrol (ABS), die auf Basis der Styrolgruppe polymerisieren oder Standardkunststoffen wie Polyethylen (PE) oder Polyvinylchlorid (PVC), die eine Gebrauchstemperatur unter $90\,^\circ C$ aufweisen oder eine Gruppe als Gebrauchskunststoffe definiert[KK10;Kai07;MHMS02]. Hier wird lediglich in technische Thermoplaste mit einer Gebrauchstemperatur unter $140\,^\circ C$ sowie Hochleistungsthermoplaste mit Gebrauchstemperaturen oberhalb von $140\,^\circ C$ unterschieden, wie es häufig in Lehrbüchern Anwendung findet[Dom05;Ehr07].

3.1.1. Technische Thermoplaste

Der Heißprägeprozess wurde für die technischen Thermoplaste entwickelt, die sich überwiegend bei Temperaturen bis zu $220\,^\circ C$ umformen lassen[HEX06]. Zu den technischen Thermoplasten gehören beispielsweise PMMA und COC, die sich aufgrund ihrer hohen Transmissionsgrade besonders für optische Anwendungen eignen[Dom05], PA und POM, die aufgrund der guten chemischen Beständigkeit für fluidische Systeme, in denen Lösemittel eingesetzt werden, genutzt werden[Car95] oder auch PP und PC, die sich durch Biokompatibilität auszeichnen und daher für biologische Anwendungen verwendet werden können[WH02]. Abbildung 3.1 gibt eine Übersicht über die am häufigsten im Heißprägen eingesetzten technischen Thermoplaste und deren typischen Verarbeitungstemperaturen.

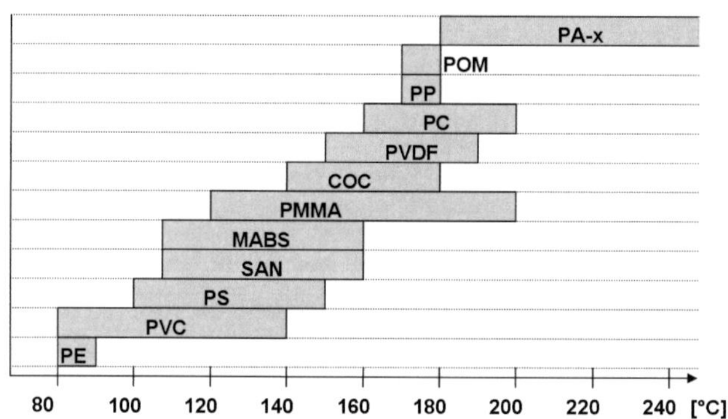

Abb. 3.1.: *Übersicht der am häufigsten im Heißprägen eingesetzten technischen Thermoplaste und deren Verarbeitungstemperaturen im Heißprägen.*

Mit technischen Thermoplasten wurden bereits seit Anfang der 90er Jahre Mikrostrukturen mittels Heißprägen hergestellt[Mic92]. Durch die stetige Weiterentwicklung des Prozesses hat sich die Strukturierung im Submikrometerbereich und die Replikation von freistehenden Strukturen bis zu Aspektverhältnissen von 25 etabliert[SVKM11]. Abbildung 3.2 zeigt beispielhaft die Abformung eines Röntgengitters in PMMA Hesaglas. Die Linien des Röntgengitters weisen $1,2\,\mu m$ breite Stege mit einer Höhe von $30\,\mu m$ auf[KGB+10].

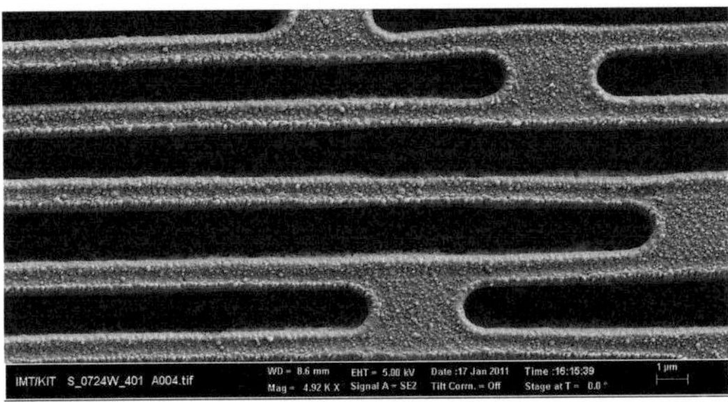

Abb. 3.2.: *REM-Aufnahme einer mittels Heißprägen hergestellten Replikation in PMMA eines Röntgengitters, das ein Aspektverhältnis von 25 aufweist.*

3.1.2. Hochleistungsthermoplaste

Hochleistungsthermoplaste sind definiert als Kunststoffe, die den technischen Thermoplasten in mindestens einer Eigenschaft überlegen sind[Rab00]. Dies bezieht sich meist auf eine höhere Gebrauchstemperatur oberhalb von $140\,°C$ und eine bessere Chemikalienbeständigkeit[Fin08]. Da kommerziell erhältliche Heißprägeanlagen mit Temperierungen bis $220\,°C$ für technische Thermoplaste ausgelegt sind[HEX06], erfordert die Verarbeitung von Hochleistungspolymeren eine Verbesserung des Heiz- und Kühlkonzepts oder neu entwickelte Heißprägeanlagen[Sch07;Dit04]. Da die meisten Hochleistungsthermoplaste teilkristalline Polymere sind, bei denen der Phasenübergang in einem sehr engen Temperaturfenster erfolgt, muss die Prägetemperatur innerhalb von ein bis zwei Grad Kelvin geregelt werden[WKH+10]. Zu hohe Prägetemperaturen führen aufgrund der Adhäsion und zu geringe Entformtemperaturen aufgrund des spröden Materialverhaltens teilkristalliner Kunststoffe dazu, dass einzelne Teile des Kunststoffs im Formeinsatz haften bleiben. Durch die hohe Chemikalienbeständigkeit lassen sich diese anschließend auch chemisch nicht mehr lösen, was in einem Verlust des Formeinsatzes resultieren kann.

Aufgrund der hohen Anforderungen an den Heißprägeprozess werden Hochleistungspolymere überwiegend für Strukturen mit Aspektverhältnissen kleiner als eins eingesetzt, beispielsweise fluidische Kanäle oder Gehäuseteile. Anhand von PSU als Vertreter der amorphen Hochleistungspolymere mit einer vergleichsweise geringen Verarbeitungstemperatur von $220\,^\circ C$ konnte die Strukturierung der Hochleistungsthermoplaste bis in den Submikrometerbereich nachgewiesen werden. Abbildung 3.3 links zeigt eine 3D Ansicht[HFGR+07] der AFM Messung von Linienstrukturen mit $400\,nm$ Linienbreite geprägt in PSU Ultrason S. Typische Verarbeitungstemperaturen beim Heißprägen sind für die verschiedenen Hochleistungsthermoplaste in Abbildung 3.3 rechts zusammengefasst.

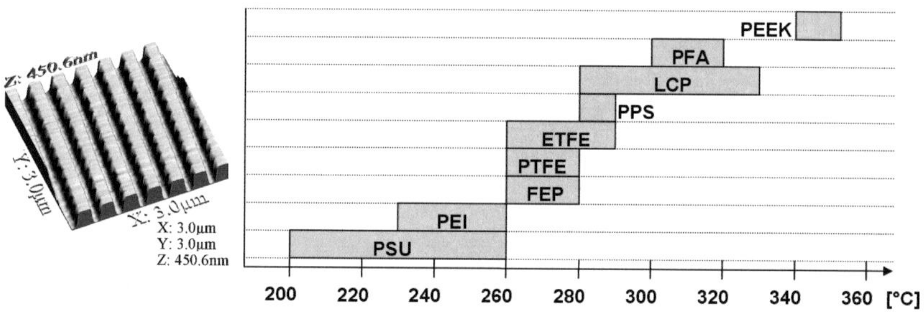

Abb. 3.3.: *3D-Ansicht der AFM Software WSxM[HFGR+07] einer AFM-Messung von 400 nm Linien heißgeprägt in PSU (links) und Übersicht der häufigsten im Heißprägen eingesetzten Hochleistungsthermoplaste und deren Verarbeitungstemperaturen im Heißprägen (rechts). Die Verarbeitungstemperatur eines teilkristallinen Hochleistungsthermoplasten liegt überwiegend zwischen ein bis zwei Kelvin, unterschiedliche Kunststoffmischungen weisen dabei oft auch unterschiedliche Temperaturbereiche zur Verarbeitung auf.*

Als ein Vertreter der Hochleistungsthermoplaste kann reines PTFE nicht direkt mittels Spritzguss oder Extrusion verarbeitet werden, da die Makromoleküle bereits zersetzt werden, bevor PTFE eine ausreichend niedrige Viskosität der Schmelze aufweist, um eine Förderung in der Schnecke zu ermöglichen[JM04]. Daher wird reines Teflon thermisch als Dispersion verarbeitet[Dro06]. Im Heißprägeprozess jedoch kann PTFE (Teflon, DuPont) zwischen $260\,°C$ bis $280\,°C$ mikrostrukturiert werden, da eine im Vergleich zum Spritzguss um zwei Größenordnungen höhere Viskosität und eine langsame Fließbewegung der Thermoplasten zur Strukturierung ausreichend sind[KMSW10]. Im Unterschied zur Strukturierung bei Raumtemperatur, die auf der elastischen Verformung basiert, bleibt die Strukturierung mittels Heißprägen auch nach sechs Monaten erhalten.

3.1.3. Verstärkte und gefüllte Polymere

Die Materialeigenschaften wie Elastizitätsmodul und Schmelzeviskosität von Kunststoffbauteilen können durch den gezielten Einsatz von Füllstoffen um mehr als eine Größenordnung erhöht werden, beispielsweise durch Zusatz von 25 Volumenprozent Glasfasern in Polypropylen[Cam07]. Zusatzstoffe wie Trennmittel, UV Absorber, Flammschutzmittel oder Katalysatoren, die zur Verbesserung der Prozessierbarkeit und zur Langzeitstabilität des Thermoplasten eingesetzt werden, werden nicht zu den Füllstoffen gezählt, obwohl auch diese eine messbare Veränderung der Kunststoffe bewirken[Dea06]. Farbpigmente sind ein häufiger Zusatz in Kunststoffen, die vor allem aus optischen Gründen eingesetzt werden und dabei einen vergleichsweise geringen Einfluss auf die Materialeigenschaften wie Festigkeit und Temperaturverhalten haben. Sie zählen daher trotz der optischen Veränderung nicht zu den Füllstoffen, sondern zu den Additiven. Als der bekannteste Vertreter der Füllstoffe werden zu etwa $90\,\%$ Glasfasern zugesetzt[Wit10].

Die Füllstoffe verändern nicht nur die Bauteileigenschaften, sie beeinflussen auch den Verarbeitungsprozess. Die Fasern und Partikel erschweren ein Abgleiten der Moleküle in der Kunststoffschmelze und versteifen diese dadurch, so dass die Fließweglänge abnimmt. Zur Untersuchung, ob Kunststoffe mit Füllstoffen mittels Heißprägen prozessierbar sind, wurden exemplarisch mit Glasfasern verstärktes Polyamid sowie mit Kohlenstoffnanoröhren gefülltes Polycarbonat untersucht. Im direkten Vergleich mit replizierten Bauteilen ohne Füllstoffe bilden die gefüllten Kunststoffe eine dickere Restschicht und eine kleinere Restschichtfläche als die ungefüllten Thermoplaste des gleichen Typs, Unterschiede in der Mikrostruktur konnten jedoch nicht gemessen werden. Dies ist daher bemerkenswert, da die im Polyamid eingesetzten Glasfasern mit einer Durchmesserverteilung zwischen $5\,\mu m$ bis $15\,\mu m$ teilweise größere Abmessungen aufweisen als die replizierten Gitterstrukturen mit einer Kantenlänge von $10\,\mu m$.

Die Ursache hierfür konnte durch einen Bruch des Bauteils und Anätzen der Schnittfläche nachgewiesen werden. In der Restschicht des Bauteils zeigt sich eine Anhäufung der Füllfasern, während Mikrostrukturen frei von Fasern lediglich mit dem Kunststoff gefüllt wurden. Damit können mittels Heißprägen Mikrostrukturen hergestellt werden, die über eine faserverstärkte Restschicht verfügen. In dem mit Kohlenstoffnanoröhren gefüllten Polycarbonat konnte keine lokale Anhäufung des Füllstoffs in der Restschicht beobachtet werden. Die Strukturen können vollständig befüllt werden. Durch den Einsatz ausgewählter Füllstoffe, wie metallische Kohlenstoffnanoröhren können somit elektrisch leitende Bauteile erzeugt werden, ohne die Eigenschaften der Mikroreplikation zu verschlechtern.

Ein weiterer Vorteil der Füllstoffe liegt in der geringeren Menge an benötigtem Kunststoff in voluminösen Bauteilen. Ein Beispiel hierfür ist WPC (Wood Plastic Composite), in dem mehr als die Hälfte des Volumens von kostengünstigen Holzfasern oder Holzmehl mit Abmessungen bis zu einigen Hundert Mikrometer eingenommen wird[KK07]. Die Eignung von hochgefüllten Mischungen für das Heißprägen wurde anhand eines WPC mit 80 % Holz in einer PE Matrix durchgeführt.

Da die Holzfasern und -Partikel von WPC eine höhere Kompressibilität aufweisen, die sich nach der Replikation wieder ausdehnen, weisen in WPC replizierte Bauteile stets charakteristische Wölbungen der Oberfläche auf. Abbildung 3.4 zeigt ein WPC-Bauteil mit $200\,\mu m$ breiten Kanälen, die an mehreren Stellen bereits ausgerissen sind. Geringere Füllgrade vermindern den Einfluss der Fasern, wodurch die replizierbaren Strukturgrößen für die Mikrotechnik reduziert werden können.

Anwendungspotenzial ergibt sich anhand von gefüllten Thermoplasten in der Mikrotechnik, wenn Partikel eingesetzt werden, die eine aktive Funktion aufweisen, wie optisch aktive oder magnetische Partikel. Durch die Zugabe von Füllstoffen in Thermoplasten lassen sich neben der Festigkeit und den Materialkosten auch die Oberflächeneigenschaften wie Benetzung verändern. Durch die eingeschränkte Strukturierbarkeit im Bereich von Mikro- und Submikrometerstrukturen lassen sich diese jedoch nicht für DWPs mit hohen Aspektverhältnissen einsetzen.

Abb. 3.4.: *Heißgeprägtes WPC-Bauteil auf einer Stahlsubstratplatte mit ausgerissenen Bereichen an den Strukturen unter 200 μm*

3.1.4. Keramische und metallische Feedstocks

Materialien wie Metalle oder Keramiken wurden bisher überwiegend gegossen oder spanend bearbeitet oder gesintert. Um die schnellen Replikationsverfahren der Thermoplaste auch für andere Materialklassen nutzen zu können, wurde der Pulverspritzguss entwickelt[MJ93]. Damit werden Partikel eines keramischen oder metallischen Materials durch einen organischen Binder in einer Matrix eines thermoplastischen Kunststoffs gebunden und dieses als Feedstock bezeichnete Ausgangsmaterial mittels Spritzguss in Form gebracht, zum sogenannten Grünling. Zur Herstellung eines keramischen oder metallischen Bauteils wird der Binder nach der Replikation chemisch gelöst, die Polymermatrix im Ofen pyrolysiert und das Bauteil anschließend gesintert[PGM03].

Die Verwendbarkeit von metallischem und keramischem Feedstock im Heißprägen wurde anhand von verschiedenen fluidischen Strukturen untersucht. Während im Spritzguss vor allem Volumenkörper hergestellt werden, erschweren die im Heißprägen überwiegend flachen, dünnen Bauteile die Handhabung des spröden Grünlings. Nach der Entformung lassen sich die dünnen Bauteile nicht mehr zerstörungsfrei von der Substratplatte entfernen. Abhilfe schafft die Verwendung einer zusätzlichen Trägerschicht. Da bei den verwendeten Feedstocks Polyethylen als Matrix eingesetzt wurde, führt die Verwendung einer Polyethylenfolie zwischen Substrat und Feedstock-Halbzeug zu einem stabilen Verbund und ermöglicht ein zerstörungsfreies Ablösen von der Substratplatte. Abbildung 3.5 zeigt eine heißgeprägte Kanalstruktur in keramischem Feedstock auf einer PE-Trägerschicht.

Abb. 3.5.: *Mikroprägung in keramischem Feedstock auf einem Polyethylen-Träger, der die Entnahme des Bauteils von der rauen Substratplatte ermöglicht. Der sogenannte Grünling wird anschließend entbindert, pyrolysiert und gesintert.*

Die Grenzen der Strukturgrößen sind bei der Replikation von Feedstock vor allem durch die Partikelgrößen des eingesetzten Pulvers gegeben. Es lassen sich Partikel mit Durchmessern unterhalb eines Mikrometers herstellen, für die Untersuchung der Eignung im Heißprägen stand für Stahl jedoch nur ein Feedstock mit mittleren Partikelgrößen von fünf Mikrometer zur Verfügung. Die mittlere Partikelgröße des verwendeten Keramikfeedstocks lag bei $500\,nm$, so dass Strukturen bis zehn Mikrometer in Feedstock umgesetzt werden konnten[PGM03]. Die resultierenden Strukturgrößen nach dem Lösen des Binders sowie dem Sintern hängt darüber hinaus von der Zusammensetzung des Feedstocks ab. Im Gegensatz zu gefüllten Polymeren, bei denen die Strukturen auch von dem Matrixmaterial ausgefüllt werden, wird nach der Replikation von Feedstock die Matrix entfernt, so dass die replizierbaren Strukturgrößen ausschließlich von den Partikelgrößen des Pulvers abhängen. Darüber hinaus liegt die Schwindung des Bauteils während dem Sintern mit 15 bis 20 Prozent über der Schwindung von Thermoplasten[PGM03], die bei der Produktauslegung als Vorhalt berücksichtigt werden muss.

Die meistgenutzten Vorteile der metallischen und keramischen Bauteile gegenüber Kunststoffen liegen in der hohen Temperaturstabilität und der Härte. Durch die Herstellung der Bauteile mittels Replikationsprozess kann insbesondere bei großflächigen Strukturen die zeitaufwändige mechanische Bearbeitung vermieden werden und durch einen automatisierbaren Replikationsprozess zu einer kostengünstigeren Herstellung führen.

3.1.5. Biologisch abbaubare Polymere

Eine weitere Materialklasse, die für die Replikation von DWPs in Frage kommt, sind modifizierte künstliche Polymere, die biologisch abbaubar oder bioresorbierbar sind sowie Kunststoffe, die aus nachwachsenden Rohstoffen gewonnen werden können. Technische Kunststoffe sind langzeitstabil und zersetzen sich in der Natur meist selbst nach mehreren hundert Jahren nicht vollständig[EP07]. Die Menge an Kunststoffabfällen in der Natur nimmt daher stetig zu und selbst im menschlichen Körper kann eine Zunahme an Kunststoffnebenprodukten als Fremdkörper nachgewiesen werden[TAK+09]. Da diese Schaden im menschlichen Körper anrichten können[KC09], werden alternative, biologisch abbaubare und sogar im Körper resorbierbare Kunststoffe entwickelt. Die breite Nutzung dieser Kunststoffe ist aufgrund der erschwerten Verarbeitung jedoch begrenzt[EP07]. Daher wurden biologisch abbaubare und resorbierbare Kunststoffe hinsichtlich ihrer Eignung in der Mikrotechnik mittels Heißprägen getestet.

Als Vertreter der biologisch abbaubaren Kunststoffe wurde Polylaktid (PLA, Goodfellow), ein aus dem Monomer Milchsäure zusammengesetztes und aus Maisstärke gewonnener Thermoplast, verwendet. Obwohl PLA ein teilkristalliner Thermoplast ist, kann es aufgrund des vergleichsweise geringen kristallinen Anteils zwischen 30 bis 60 Prozent beim Heißprägen von Mikrostrukturen zwischen der Glasübergangstemperatur von etwa $70\,^{\circ}C$ und dem Kristallitschmelzbereich von etwa $170\,^{\circ}C$ verarbeitet werden[Sin10]. Die Prägungen des Testformeinsatzes mit würfelförmigen Strukturen mit $500\,nm$ Kantenlänge zeigten bei diesen Temperaturen jedoch stark verrundete Strukturen, was auf die Größe der nichtgeschmolzenen kristallinen Bereiche zurückzuführen ist. Bei Prägetemperaturen oberhalb des Kristallitschmelzbereichs konnten diese vollständig abgebildet werden. Abbildung 3.6

links zeigt eine REM Aufnahme einer Replikation von Linienstrukturen mit $200\,nm$ Breite und Abstand in PLA, die bei $130\,^\circ C$ geprägt wurden.

Neben den künstlichen, abbaubaren Kunststoffen wurden aus nachwachsenden Rohstoffen gewonnene Thermoplaste untersucht, durch deren Einsatz der Rohstoffverbrauch reduziert und damit ein Beitrag zur Ressourcenschonung geleistet werden kann[Hu02]. Als Vertreter der Thermoplasten, die vollständig aus nachwachsenden Rohstoffen hergestellt werden, wurde das vom Hersteller als flüssiges Holz bezeichnete ArboForm (TECNARO) eingesetzt, das überwiegend auf Ligninen und Cellulose basiert[Zec01]. Abbildung 3.6 rechts zeigt ein mikrostrukturiertes Bauteil in ArboForm F45, das vergleichbar zu den Mikrostrukturen in WPC durch eingesetzte Fasern in den replizierbaren Strukturgrößen eingeschränkt ist.

Abb. 3.6.: *REM Aufnahme einer Replikation von Linienstrukturen mit $200\,nm$ Breite und Abstand in PLA (links), welche die Eignung von PLA in der Mikrotechnik belegt. Im rechten Bild weist die Mikroprägung eines Bauteils aus 'flüssigem Holz' ArboForm F45 charakteristische Oberflächenunebenheiten auf, die auf die eingebetteten Fasern zurückzuführen sind.*

Eine Alternative zur Ressourcenschonung ist die Wiederverwendung von nicht mehr benötigten Kunststoffbauteilen. Unter dem Begriff *Downcycling* werden Altteile aus Kunststoff wieder aufbereitet und erneut für die Herstellung neuer Produkte als sogenannte Rezyklate eingesetzt[Mar10]. Anhand von vergleichenden Replikationen von neuem PE mit aufbereitetem PE aus spritzgegossenen Bauteilen konnten im Heißprägeprozess Teststrukturen ohne messbare Strukturverschlechterung repliziert werden, die den Einsatz von recycleten Kunststoffen untermauern. Die mittels Heißprägen hergestellten Bauteile können aufgrund der im Vergleich zu Spritzguss und Extrusion geringeren thermischen Belastung sogar ohne zusätzliche Aufbereitung direkt wieder verwertet werden.

3.1.6. Thermoplastische Elastomere

Elastomere zeigen kein ausgeprägtes temperaturabhängiges Viskositätsverhalten und sind den thermischen Replikationsprozessen daher nicht zugänglich. Um dennoch Bauteile mit elastischen Eigenschaften replizieren zu können, lassen sich thermoplastische Elastomere (TPE) einsetzen. Sie weisen in der Anwendung elastische Eigenschaften auf, verhalten sich unter Wärmezufuhr jedoch thermoplastisch und können daher wie Thermoplaste verarbeitet werden. Zur Eignungsuntersuchung von TPE im Heißprägen wurden Materialproben von Albis Plastic GmbH zur Verfügung gestellt[Alb09].

Aus den Prägeversuchen zeigte sich, dass für die Verarbeitung im Heißprägen zwischen zwei Typen der TPE unterschieden werden muss. Entweder bestehen die TPE aus sogenannten Blends, einem durchmischten Gemenge aus unterschiedlichen Polymeren, von denen einer ein Elastomer und der andere ein Thermoplast ist, oder aus Copolymeren, die in den Molekülketten unterschiedliche Segmente (Oligomere) aufweisen, von denen ein Segment elastische Eigenschaften aufweist und das andere Segment thermoplastische Eigenschaften[HKQ04].

TPE Blends eignen sich durch die unvernetzte Mischung unterschiedlicher Polymere nicht für die Replikation großflächiger, flacher Bauteile. Durch die Erwärmung während dem Heißprägeprozess fließen die beiden Bestandteile unterschiedlich. Der Umformvorgang führt zu einer teilweisen Entmischung des Blends, die bis zum Entformvorgang konserviert wird. Nach dem Kraftabbau und Lösen des Bauteils von der Substratplatte formt sich der elastische Anteil der TPEs teilweise wieder zurück. Da die thermoplastischen Anteile eine vollständige Rückformung verhindern, bildet sich eine Wölbung des mikrostrukturierten Bauteils parallel zur Fließrichtung während dem Prägen aus.

Als Vertreter der TPE Block-Copolymere wurden Evoprene (AlphaGary) auf Styrol-Basis (TPS) sowie Desmopan (Bayer) auf Polyurethan-Basis (TPU) untersucht. Evoprene der Typen Standard 987, G 123 und Super G 123 lassen sich bis in den Submikrometerbereich strukturieren, jedoch weisen mehrere dieser Bauteile je nach Symmetrie der replizierten Struktur ebenfalls eine Wölbung des Bauteils auf. Die Wölbung resultiert daraus, dass während dem Umformvorgang auch der elastische Anteil der TPS verstreckt wird und sich nach dem Entformen wieder entspannt. Symmetrische Linien oder Gitterstrukturen lassen sich in TPS ohne Bauteilwölbung abbilden; ein unsymmetrischer Fluss der Polymerschmelze führt hingegen zu einer Verformung der Restschicht. Um auch unsymmetrische Bauteile verzugsfrei in TPS abbilden zu können, kann eine steife Trägerplatte eingesetzt werden, welche der lateralen Verformung entgegenwirkt.

Mit Hilfe von Desmopan TPU können ohne eine Trägerplatte mikrostrukturierte TPE repliziert werden. Anhand von verschiedenen Typen der TPEs können Bauteileigenschaften wie die Elastizität gezielt eingestellt werden. Nachteilig für die Replikation von TPU ist jedoch, dass diese eine starke Haftung an metallischen Oberflächen aufweisen, so dass bei Abweichungen in der Temperaturregelung während dem Prägen Strukturen im Formeinsatz nicht mehr entformt werden können und abgerissen werden.

Ein Anwendungsgebiet für thermoplastische Elastomere ergibt sich aufgrund ihrer hohen Elastizität und Haftungseigenschaften besonders für Mehrkomponentenbauteile mit denen ein Formgedächtniseffekt erzielt werden soll. Ein Verbund aus einem thermoplastischen Elastomer und einem Thermoplasten mit niedrigerer Glasübergangs- bzw. Kristallitschmelztemperatur konnte hierbei in eine Form strukturiert und bei Raumtemperatur plastisch verformt werden. Durch Erwärmen des Bauteils über die Erweichungstemperatur des Thermoplasten sorgten die elastischen Anteile der TPE für eine Formrückstellung und damit für die Anwendbarkeit als Formgedächtnismaterial in Mikrosystemen[Len10].

3.1.7. Metalle und Duromere

Duromere weisen keinen charakteristischen Erweichungsbereich auf, bei dem sie reversibel verformt und wieder verfestigt werden können. Metalle lassen sich zwar mit den Heißprägeanlagen strukturieren, wenn sie eine geringere Härte aufweisen als der Formeinsatz, die Umformung basiert jedoch nicht auf dem Prinzip der temperaturabhängigen Materialerweichung im Heißprägen. Bei der Umformung von Metallen ist vor allem eine hohe Kraft und die Härte des umzuformenden Materials im Verhältnis zum Formeinsatz entscheidend.

In Anlehnung an das Heißprägeverfahren lassen sich hingegen auch dünne Metallfolien und Duromere mit Dicken zwischen wenigen Mikrometern bis zu einigen hundert Mikrometern verformen, indem eine Polymerschmelze als niederviskoses Material für die Formfüllung genutzt wird. Analog zum Hinterspritzen im Spritzguss können Folien ausgerichtet an definierten Stellen zwischen den Formeinsatz und das Kunststoffhalbzeug platziert werden und damit eine definierte Oberfläche aus Metall oder Duromeren realisieren.

Die gewählte Materialkombination ist ausschlaggebend dafür, ob die Folie und die Trägerschicht nach der Umformung voneinander getrennt oder als Verbundbauteil genutzt werden können. Während Polypropylen und PMMA zwar eine Strukturierung von Metallfolien gewährleisten, jedoch eine geringe Haftung an den strukturierten Metallfolien aufweisen und damit eine leichte Ablösung ermöglichen, weisen Polyamide eine solch starke Haftung an metallischen Folien auf, dass ein fester Materialverbund entsteht, der sich nicht mehr zerstörungsfrei trennen lässt. Abbildung 3.7 links zeigt eine $100\,\mu m$ dicke Aluminiumfolie, die mittels PMMA als Trägerschicht strukturiert wurde. Als Vertreter der Duromere wurde Polyimid (Kapton) mittels einer PC Trägerschicht umgeformt und nach der Umformung abgelöst, wie in Abbildung 3.7 rechts zu sehen.

Massive Metalle mit Dicken oberhalb von $500\,\mu m$ lassen sich mit diesem Verfahren jedoch nicht strukturieren. Nur wenige Metalle wie Zinn und Blei mit Schmelztemperaturen bis zu $500\,^{\circ}C$ lassen sich mit Heißprägeanlagen aufschmelzen. Um eine größere Bandbreite an Metallen thermoplastisch strukturieren zu können, wurden amorphe Metalle entwickelt, die auch als metallische Gläser bezeichnet werden[Gre95]. Amorphe Metalle werden hergestellt, indem die Schmelze so schnell abgekühlt wird, dass keine Kristallisation stattfinden kann und die amorphe Gefügestruktur erhalten bleibt[PJ93]. Unterhalb der metallischen Schmelztemperatur weisen amorphe Metalle einen zusätzlichen Erweichungsbereich auf, in dem sie vergleichbar zu Thermoplasten strukturiert werden können.

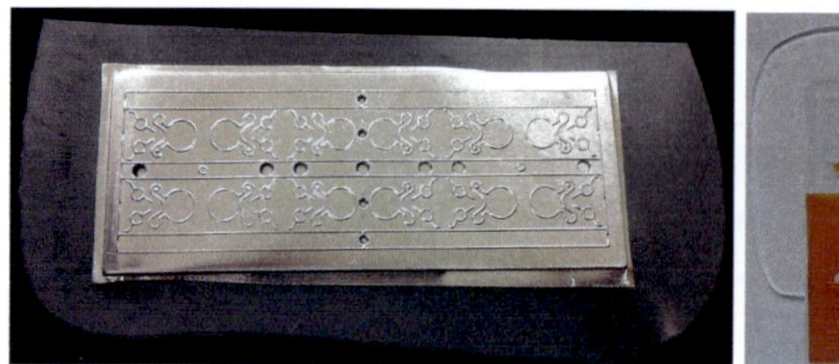

Abb. 3.7.: *Heißgeprägte Aluminiumfolie auf einer PMMA Trägerschicht (links) und ein Polyimid Bauteil, das mit einer PC Trägerschicht strukturiert wurde (rechts).*

Um die Grenzen der Strukturierung zu untersuchen, wurden metallische Gläser mit Formeinsätzen unterschiedlicher Strukturgrößen repliziert. Damit konnte gezeigt werden, dass sich metallische Gläser mittels Heißprägen bis in den Submikrometerbereich replizieren lassen, ohne wie bisher üblich den Formeinsatz auflösen zu müssen[KTS09]. Abbildung 3.8 zeigt die Abformung eines amorphes Metalls auf Palladiumbasis[KL09], das bei $310\,°C$ auf der erweiterten Anlage Hex03 mit einem submikrometerstrukturierten Nickelshim heißgeprägt wurde (links), sowie eine Abformung in amorphem Metall auf Zirkoniumbasis[SPP+07], das bei $450\,°C$ auf der Anlage WUM1[Sch07] heißgeprägt wurde und als Formeinsatz ein geätzter Siliziumwafer mit acht Mikrometer breiten Linienstrukturen verwendet wurde (rechts).

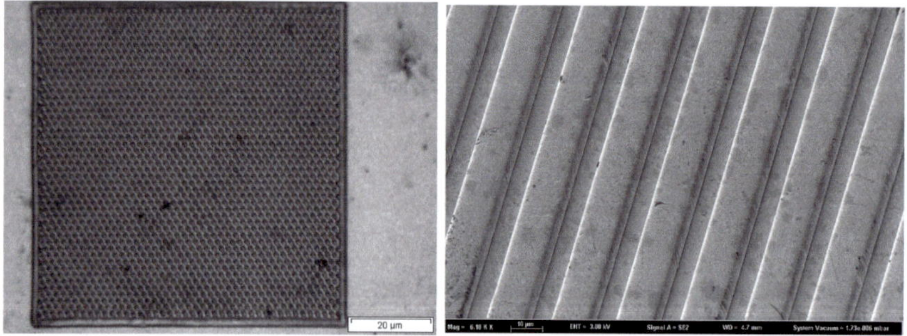

Abb. 3.8.: *Mikroskopaufnahme von heißgeprägten Submikrometerstrukturen in metallischem Glas $Pd_{40}Cu_{30}Ni_{10}P_{20}$ auf Palladiumbasis links und REM-Aufnahme von $8\,\mu m$ Linien in metallischem Glas $Zr_{44}Ti_{11}Cu_{10}Ni_{10}Be_{25}$ auf Zirkoniumbasis rechts.*

Da amorphe Metalle im Gegensatz zu kristallinen Metallen keine Korngrenzen aufweisen, lassen sich Strukturen mit homogenen Oberflächen replizieren. Durch die Härte der metallischen Gläser und die Temperaturbeständigkeit können diese anschließend als Formeinsatz für die Replikation von Thermoplasten eingesetzt werden, wodurch sich die Werkzeugkosten reduzieren lassen.

3.2. Eigenschaften von Mehrkomponentenbauteilen

Die Materialauswahl für das Heißprägen konnte von den Thermoplasten, die im Heißprägeprozess überwiegend eingesetzt werden, auf eine Reihe anderer Materialklassen erweitert werden, die in Kapitel 3.1 untersucht wurden. Für die Herstellung von Mehrkomponentenbauteilen muss neben der Strukturierbarkeit der einzelnen Komponenten auch die Wechselwirkungen zwischen den unterschiedlichen Komponenten und die Auswirkungen auf das entstehende Bauteil berücksichtigt werden.

Die Wechselwirkungen unterscheiden sich sowohl zwischen den verschiedenen Materialklassen als auch zwischen den Materialien innerhalb der einzelnen Materialklasse, wodurch sich eine Vielzahl an Kombinationsmöglichkeiten ergibt mit entsprechend zahlreichen Wechselwirkungen. Die detaillierte Untersuchung der Wechselwirkungen verschiedener Komponenten beschränkt sich daher hier auf Kombinationen innerhalb der häufigsten Materialklasse, den technischen Thermoplasten. Da für die Weiterentwicklung der DWPs auch andere Materialklassen verwendet wurden, sind die entsprechenden Einschränkungen und Möglichkeiten der Materialkombination in dem jeweiligen Kapitel dargestellt.

Die wichtigsten Anforderungen, welche die Materialkombination erfüllen muss, sind die Überlappung der Prozessfenster beider Materialien, ein ähnliches Schwindungsverhalten, die Neigung einen stabilen Verbund auszubilden sowie geringe innere Materialspannungen. Die inneren Materialspannungen können durch Vorbehandlung und eine geeignete Herstellung der Halbzeuge vermieden werden; dies wird in Kapitel 4.2.2 behandelt. Die verbleibenden Anforderungen beruhen überwiegend auf den Materialeigenschaften und müssen einzeln im Detail untersucht werden.

3.2.1. Prozessfenster im Mehrkomponentenheißprägen

Im Heißprägen wird ein Halbzeug durch Erwärmung und Kraft in eine Struktur umgeformt. Die Kunststoffhalbzeuge weisen eine innere Materialstabilität auf entweder formschlüssig durch Ausbilden von Verschlaufungen der Molekülketten, durch van-der-Waals-Kräfte in kristallinen Anordnungen oder durch chemische kovalente Verbindungen[Eli71]. Werden einzelne Folien desselben Materials übereinander gelegt und im Heißprägeprozess verarbeitet, so können die einzelnen Folien aufgeschmolzen werden und bilden miteinander Verschlaufungen oder kristalline Bereiche während der Abkühlung aus. Damit können Halbzeuge gleicher Zusammensetzung zu Halbzeugen größerer Dicken verschweißt werden, wenn die benötigte Dicke nicht in Form eines einzelnen Halbzeugs zur Verfügung steht.

Voraussetzung für die Ausbildung eines stabilen Bauteils ist dabei eine ausreichend hohe Umformtemperatur. Bei einer Umformtemperatur bis zur Erweichungstemperatur des Kunststoffs verbleiben die einzelnen Halbzeuge getrennt und bilden keinen Verbund aus. Bei höheren Temperaturen bildet sich zuerst eine Haftung zwischen den Halbzeugen, die bei mechanischer Belastung des Bauteils jedoch wieder gelöst werden kann. Erst ab einer charakteristischen Temperatur zwischen der Erweichungstemperatur bis zu mehreren zehn Grad darüber kommt es zu einer Durchmischung der Halbzeuge und damit zu einem stabilen Verbund, der sich nicht mehr von einem Bauteil aus einem einzelnen Halbzeug unterscheiden lässt. Diese Temperatur hängt von der Beweglichkeit der Moleküle, dem Abgleiten der Molekülketten aneinander und den zwischenmolekularen Bindungen ab[Eli71].

Werden zwei Halbzeuge unterschiedlicher Kunststoffe geprägt, so unterscheiden sich Erweichungstemperaturen und Viskositäten der Kunststoffe. Für eine Vermischung der Kunststoffe muss die Verarbeitung oberhalb der Erweichungstemperaturen beider Kunststoffe stattfinden, es dürfen sich jedoch auch die Viskositäten der Kunststoffe bei der Verarbeitungstemperatur nicht stark unterscheiden. Da im Heißprägen keine geschlossenen Kavitäten verwendet werden, sondern sich offene Fließfronten nach außen ausbilden, bildet sich eine Pressströmung zwischen den Werkzeugplatten aus[Wor03]. Unterscheiden sich die Viskositäten der Kunststoffe stark, so fließt der niedrigviskose Kunststoff unter der aufgebauten Prägekraft im Prägespalt nach außen und fließt um das zweite Halbzeug herum. Der höherviskose Kunststoff verformt sich erst dann, wenn der niederviskose Kunststoff auf eine Restschicht unter 100 bis 200 Mikrometer verdünnt wurde.

Bei einzelnen Kombinationen wird der niederschmelzende Kunststoff im Verarbeitungsfenster des höherschmelzenden Kunststoffes bereits zersetzt, wie im Falle von PVC mit Hochleistungspolymeren. In diesen Fällen werden Mehrkomponentenbauteile ohne ein Aufschmelzen des höherschmelzenden Kunststoffes auf Basis von Adhäsion der flüssigen Polymerschmelze des niederschmelzenden Kunststoffes an der festen Oberfläche des höherschmelzenden Kunststoffes erzeugt.

3.2.2. Schwindungsverhalten im Heißprägeprozess

An flache Bauteile aus mehreren Schichten unterschiedlichen Materials werden Anforderungen gestellt, die bei Volumenbauteilen eine eher untergeordnete Rolle spielen. Aufgrund unterschiedlicher Wärmeausdehnung der einzelnen Komponenten können unterschiedliche Längenänderungen der Schichten zu lateralen Kräften und einem Verwölben der Mehrkomponentenbauteile führen. Für einsetzbare Mehrkomponentenbauteile ist daher die Beachtung des Schwindungsverhaltens von großer Bedeutung.

Die Schwindung ist ein Maß für die Differenz des Volumens eines Bauteils V_b bei Gebrauchstemperatur im Vergleich zum Volumen der Masterstruktur V_m, im Falle des Heißprägens dem Formeinsatz[Bry99]. Die Schwindung S wird definiert als

$$S = \frac{V_m - V_b}{V_m}. \qquad [3.1]$$

Nach Gleichung 3.1 wird das Volumen des Bauteils zur Berechnung der Schwindung verwendet. Diese Definition wird vor allem im Spritzguss eingesetzt, in dem Volumenkörper repliziert werden. Im Heißprägeprozess wird das Volumen des Bauteils jedoch nicht durch die Form des Formeinsatzes bestimmt, da die Schmelze offene Fließfronten aufweist und eine Restschicht ausbildet. Für die Schwindung im Heißprägen ist überwiegend das Volumen der Struktur im Formeinsatz sowie die lateralen Abmessungen des Bauteils von Interesse. Das Gesamtvolumen des Bauteils wird durch das verwendete Halbzeug bereits vor dem Prägen vorgegeben.

Während dem Abkühlprozess nimmt das spezifische Volumen des Kunststoffes aufgrund der Wärmeausdehnung ab. Bei konstantem Füllvolumen würde dies zu

Einfallstellen im Bauteil und unvollständig gefüllten Strukturen führen, da kein zusätzliches Material wie im Spritzguss aus dem Angusssystem nachgespritzt werden kann. Durch das Aufrechterhalten der Prägekraft während der Abkühlung wird kontinuierlich Schmelze aus der Restschicht in die Kavitäten nachgedrückt. Die Restschichtdicke nimmt dabei ab. Durch den vergleichsweise langsamen Prozessablauf werden durch Schmelzefluss in die Kavitäten induzierte innere Spannungen teilweise bereits wieder abgebaut, bei Erreichen der Materialerstarrung kann dieser Ausgleich jedoch nicht weiter stattfinden. Ein weiteres Aufrechthalten der Prägekraft unterhalb der Materialerstarrung führt dazu, dass die Kraft auf das versprödende Material wirkt. Die Schwindung findet vornehmlich ab der Erstarrung bis zum Abkühlen auf Raumtemperatur statt, da die viskose Schmelze oberhalb der Erstarrung unter Prägekrafteinfluss der Materialschwindung entgegenwirkt.

Die typischerweise ermittelte Schwindung als Verhältnis der Maßdifferenz zwischen dem Formeinsatz und dem replizierten Bauteil bei Normbedingungen mehrere Stunden nach der Replikation wird korrekter als Verarbeitungsschwindung bezeichnet[SM04]. Sie beruht auf der charakteristischen Wärmeausdehung des Kunststoffes und der Kompressibilität. Die physikalischen Grundlagen der Schwindung lassen sich anschaulich mit Hilfe des Drucks p, des spezifischen Volumens v und der Temperatur T in einem PvT-Diagramm verdeutlichen. Abbildung 3.9 zeigt ein typisches PvT-Diagramm für einen amorphen Thermoplasten.

Das spezifische Volumen wird darin in Isobaren über der Temperatur aufgetragen. Somit lässt sich sowohl die Wärmeausdehnung des Kunststoffes bei einem konstanten Druck ablesen, als auch die Kompressibilität bei konstanter Temperatur. Da sich während dem Replikationsprozess sowohl Druck als auch Temperatur ändern, können Bauteileigenschaften bereits aus dem Diagramm bestimmt werden. Die rote Kurve zeigt den klassischen Prozessablauf im Heißprägen. Ausgehend vom Halbzeug bei Raumtemperatur (0) wird der Kunststoff unter Umgebungsdruck auf die Umformtemperatur erwärmt (1) und anschließend die Prägekraft und damit der Druck bei konstander Temperatur erhöht (2). Nach einer Haltezeit wird der Kunststoff unter konstantem Druck abgekühlt, bis die Entformtemperatur erreicht wird (3). Bei konstanter Entformtemperatur wird der Druck abgebaut und das Bauteil entformt (4). Anschließend erfolgt eine isobare Abkühlung des entformten Bauteils bis zur Umgebungs- bzw. Gebrauchstemperatur (5).

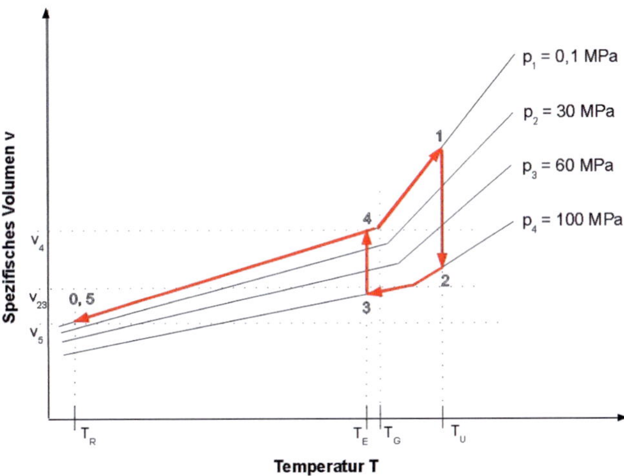

Abb. 3.9.: *Typisches PvT-Diagramm für amorphe Thermoplaste. Der rote Linienverlauf entspricht dem Ablauf während dem Heißprägeprozess.*

Die freie Schwindung des Bauteils nach dem Entformen von der Entformtemperatur bis zur Raumtemperatur $v_4 - v_5$, die ausschließlich auf der Wärmeausdehnung des Kunststoffes beruht, lässt sich nicht verhindern. Ein weiteres Abkühlen im Formeinsatz bewirkt zwar eine Schwindungsbehinderung, jedoch führen die entstehenden Entformkräfte zu einer Schädigung der Strukturen oder verhindern das Entformen durch Kontaktspannungen an senkrechten Seitenwänden. Mit dem Wärmeausdehnungskoeffizienten α des jeweiligen Kunststoffes lässt sich diese Schwindung berechnen nach Gleichung 3.2.

$$\Delta l = l_0 * \alpha * \Delta T \qquad [3.2]$$

Bei einer Entformtemperatur von $95\,°C$ auf eine Raumtemperatur von $25\,°C$ entsteht bei PMMA, das einen Wärmeausdehungskoeffizienten von $85\,\frac{10^{-6}}{K}$ besitzt, eine Schwindung von knapp $0,6\,\%$. Dass replizierte Bauteile eine geringere Schwindung aufweisen können, liegt an der Kompressibilität der Kunststoffe, durch die sich die Verarbeitungsschwindung des Bauteils beeinflussen lässt.

Da die Kompressibilität κ von Kunststoffen temperaturabhängig ist und meistens nicht von den Herstellern oder in Datenbanken angegeben wird, lässt sie sich als Kehrwert des Kompressionsmoduls K über den Elastizitätsmodul E und die Querkontraktionszahl ν bei der typischen Entformtemperatur von $95\,^{\circ}C$ berechnen nach Gleichung 3.3[Dem08].

$$\kappa(T) = \frac{1}{K(T)} = \frac{3 - 6\nu(T)}{E(T)} \tag{3.3}$$

Mit einem Elastizitätsmodul des verwendeten PMMA von $E = 2,4\,GPa$ bei $95\,^{\circ}C$ und einer Querkontraktionszahl von $\nu = 0,33$ bei $95\,^{\circ}C$ ergibt sich eine Kompressibilität von $\kappa = 0,425\,GPa$ bei $95\,^{\circ}C$. Bei einer mittleren Prägedruckdifferenz im Strukturbereich von $20\,MPa$, die durch die minimale und maximale Prägekraft in den Versuchen mit PMMA erzeugt wurde, ergibt sich eine Volumenänderung $v_4 - v_3$ von $0,85\,\%$.

Aufgrund der gerichteten Prägekraft und der inhomogenen Druckverteilung im Kunststoff während dem Heißprägeprozess ist die Volumenschwindung nicht gleichmäßig auf die verschiedenen Raumrichtungen aufgeteilt. Aus dem Spritzguss ist eine Verteilung der Schwindung in Kraftrichtung von über $90\,\%$ bekannt, so dass die laterale Schwindung nur zu weniger als $10\,\%$ der Volumenschwindung beiträgt[Bry99;MMM07]. Bei einem knapp $10\,\%$ Anteil an der Volumenänderung der senkrecht zur Kraftrichtung liegenden lateralen Schwindung sollte sie sich durch die Prägekraft bis zu $0,08\,\%$ beeinflussen lassen. Da unterschiedliche technische Thermoplaste auch unterschiedliche Schwindungen aufweisen, wird eine Steuerung der Schwindung im Prägeprozess benötigt, um Mehrkomponentenbauteile herstellen zu können. Tabelle 3.1 gibt eine Übersicht der Schwindungen der für die Verbundversuche eingesetzten Thermoplaste.

Sieben der zehn Thermoplaste weisen Verarbeitungsschwindungen unter einem Prozent auf, drei Thermoplaste liegen darüber. Die höhere Schwindung von PE, PP und PVDF resultiert aus ihrer teilkristallinen Struktur. Diese zeigen ein ausgeprägtes anisotropes Schwindungsverhalten und die Bauteile weisen im Allgemeinen höhere Schwindungen auf als amorphe Thermoplaste.

Das spezifische Volumen erfährt bei teilkristallinen Thermoplasten im Bereich der Kristallitschmelztemperatur T_S eine stärkere Reduktion, da sich die Moleküle aus einem freien beweglichen Zustand in einen kristallinen Zustand zusammenlegen, in dem sie einen geringeren Abstand zueinander einnehmen[MBLH95]. Ein im

Material	Hersteller	Typ	Schwindung
PE	Basell	Lupolen 1800H	$1,5-3,5\%$
PVC	Benvic	2863	$0,4-0,8\%$
SAN	Notz Plastics	NAS30	$0,2-0,6\%$
PS	Hagedorn Plastics	Standard	$0,2-0,7\%$
PMMA	Notz Plastics	Hesaglas	$0,3-0,8\%$
COC	Topas	6013	$0,3-0,6\%$
PP	LyondellBasell	Moplen HP500N	$1,0-2,5\%$
PVDF	Solvay	Sofel 1008	$2,0-3,5\%$
PC	Bayer	Makrolon 2405	$0,6-0,8\%$
PSU	BASF	Ultrason S	$0,4-0,9\%$

Tab. 3.1.: *Übersicht der verwendeteten Thermoplaste mit typischen Schwindungswerten nach Herstellerangaben*

Vergleich zu amorphen Kunststoffen hoher Anteil der Schwindung erfolgt innerhalb von wenigen Grad Kelvin. Abbildung 3.10 zeigt ein PvT Diagramm für einen teilkristallinen Thermoplasten mit dem typischen Prozessverlauf im Heißprägen.

Da sich unterschiedliche Kunststoffe in Temperaturbereich und Anteil der Schwindung unterscheiden, erschwert dieses Verhalten die Kontrolle der Schwindung bei der Kombination mehrerer Thermoplaste. Um ein Mehrkomponentenbauteil aus Materialien herstellen zu können, die kein gleiches Schwindungsverhalten aufweisen, muss die Schwindung durch den Prozess beeinflusst werden.

3.2.3. Steuerung der Schwindung im Heißprägeprozess

Um die Schwindung von Thermoplasten gezielt beeinflussen zu können, werden verschiedene Einflussfaktoren hinsichtlich ihrer Auswirkung auf die Schwindung heißgeprägter Bauteile untersucht. Dies sind sowohl Prozessparameter als auch Varianten in der Prozessführung sowie das Material selbst.

Zur Analyse der Schwindung beim Heißprägen wurde PMMA (Plexiglas, Röhm) als hochtransparenter amorpher Kunststoff in Form von $700\,\mu m$ dicken Halbzeugen verwendet. PMMA wurde ausgewählt, da es ein breites Prozessfenster im Heißprä-

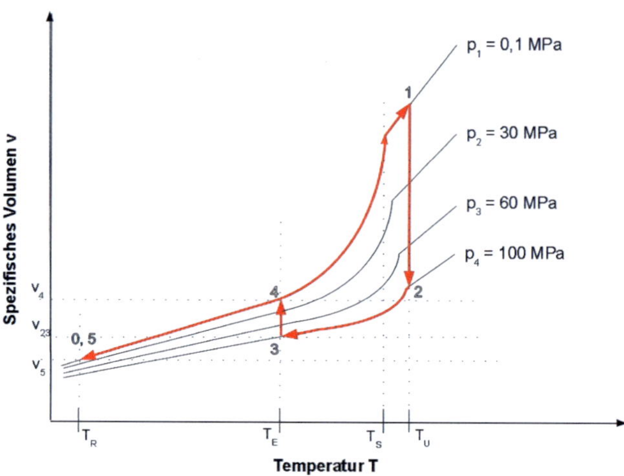

Abb. 3.10.: *Typisches PvT-Diagramm für teilkristalline Thermoplaste. Der rote Linienverlauf entspricht dem Ablauf während dem Heißprägeprozess.*

gen aufweist und aufgrund des niedrigen Temperaturbereichs des Glasübergangs von $100\,°C$ vergleichsweise kurze Zykluszeiten von etwa 25 Minuten ermöglicht.

Von jeder Variation wurden drei Bauteile hergestellt, die anschließend messtechnisch mit dem Koordinatenmessgerät Werth VideoCheck HA 400 vermessen wurden. Zur besseren Vergleichbarkeit wurden parallele Kanten der Bauteile an den Außenseiten des strukurierten Bereichs durch eine automatische Kantendetektion und Geradenannährung erfasst und damit der Abstand zur gegenüberliegenden Kante berechnet. Anhand von zwölf Wiederholmessungen konnte durch eine maximale Messungenauigkeit von fünf Mikrometer auf der Messstrecke von $51\,mm$ eine relative Messgenauigkeit von unter $0,01\,\%$ ermittelt werden.

Steuerung durch Prozessparameter Für die Einflussanalyse der Prozessparameter wurden die drei wichtigsten Vertreter Prägetemperatur, Prägekraft sowie Entformtemperatur auf drei Leveln variiert.

Der Prozessparameter Entformtemperatur wurde bei $50\,°C$, $70\,°C$ und $90\,°C$ variiert und der Einfluss auf die Schwindung gemessen. Diese Spanne der Entformtemperatur beeinflusst die Schwindung um acht Prozent von $0,56\,\%$ bis $0,61\,\%$. Eine niedrige Entformtemperatur reduziert die Schwindung des Bauteils, da der

Kunststoff bei niedrigeren Temperaturen im Formeinsatz verbleibt und am Schwinden gehindert wird. Aufgrund dieser äußeren Schwindungsbehinderung bilden sich plastische Verformungen im Bauteil aus, die sich nach dem Entformen nicht zurückbilden. Allerdings klemmt sich das Bauteil durch die Schwindungsbehinderung im Formeinsatz fest, so dass die Entformkräfte ansteigen und zu einer Zerstörung des Bauteils führen können.

Die Schwindung wird bei einer Variation der Prägetemperatur durch zusätzliche Effekte beeinflusst, wie die aufgrund der niedrigen Schmelzeviskosität beim Umformen erzeugte geringere Restschichtdicke sowie die durch zunehmende Prägefläche bedingte Abnahme des Prägedrucks. Diese Effekte überlagern sich und werden bei der Variation der Prägekraft sowie der Halbzeugdicke im einzelnen genauer untersucht. Eine deutliche Reduktion der Schwindung konnte bei Prägetemperaturen von 10 bis 20 Kelvin oberhalb der Glasübergangstemperatur gezeigt werden. Dies beruht darauf, dass der Kunststoff nicht spannungsfrei aus der Schmelze in die Kavitäten befüllt wird, sondern aus dem noch weitgehend festen Material eine plastische Verformung erfährt. Diese plastische Verformung behindert ein freies Bewegen der Moleküle und führt zu einer inneren Schwindungsbehinderung des Kunststoffes[MMM07]. Neben der geringen Schwindung haben solch niedrige Prägetemperaturen zur Folge, dass die Strukturen nicht vollständig befüllt werden.

Eine höhere Prägekraft reduziert die Schwindung, sie lässt sich durch die Verdopplung der Prägekraft um 11 % beeinflussen. Durch die Prägekraft wird der Kunststoff komprimiert. Nach dem Kraftabbau entspannt sich das Bauteil und führt zu größeren Endmaßen als bei geringen Prägekräften wie auch aus dem PvT-Diagramm ermittelt werden konnte.

Steuerung durch das Halbzeug Das Halbzeug wurde hinsichtlich der Restschichtdicke variiert, indem unterschiedlich dicke Halbzeuge bei identischen Prozessparametern verwendet wurden. Ein Bauteil mit einer geringen Restschicht weist dabei eine geringere Schwindung auf. Dies resultiert daraus, dass die Restschicht an der strukturabgewandten Seite durch die raue Substratplatte an einer Schwindung gehindert wird; eine dünne Restschicht weist damit eine größere externe Schwindungsbehinderung durch die Substratplatte auf, die wie im Formeinsatz zu einer plastischen Verformung des Materials führt. Unter Beibehaltung aller Prozessparameter ergibt sich bei einer halben Halbzeugdicke von $350\,\mu m$ in PMMA eine um $16\,\%$ reduzierte Schwindung. Bei einer Vergrößerung der Restschichtdicke zeigt sich nur eine geringe Zunahme der Schwindung, da der Einfluss der Schwindungsbehinderung durch eine dickere Restschicht hindurch abnimmt.

In Kapitel 4.2.1 werden weitere Einflüsse von Kunststoffen untersucht, die sich auch auf die Schwindung auswirken. Dies sind insbesondere die Zusammensetzung der Kunststoffe als auch die Art der Herstellung des Halbzeuges. Um den Einfluss verschiedener PMMA-Varianten zu ermitteln, wurden 13 unterschiedliche PMMA Halbzeuge von Topacryl, Röhm, ThyssenKrupp, LippTerler, EvonikDegussa und BASF verglichen. Die ausführliche Übersicht ist in Anhang A.2 zusammengefasst. Die Bandbreite der Schwindung unterscheidet sich dabei stärker als durch jeden der Prozessparameter. Die Schwindung bei identischen Prozessparametern variierte zwischen $0,34\,\%$ bis $0,61\,\%$. Ein großer Anteil der Schwindungsdifferenz konnte den unterschiedlichen Herstellungsarten der Halbzeuge, extrudiert und gegossen, zugeordnet werden. Die extrudierten Halbzeuge weisen senkrecht zur Extrusionsrichtung im Mittel eine um $0,2\,\%$ größere Schwindung als gegossene Halbzeuge auf. Die Schwindung in Extrusionsrichtung liegt aufgrund der zusätzlichen Molekülausrichtung deutlich darüber und schwankt so stark, dass keine reproduzierbaren Messungen möglich waren.

Steuerung durch den Prozessablauf Außerdem wurde der Prozess noch in zwei Prozessabläufen modifiziert. Im ersten Fall wurde die Abkühlgeschwindigkeit durch mehrere Rampen auf die fünffache Zeit verlangsamt, um einen weiteren Spannungsabbau durch Relaxation zu ermöglichen. Die zweite Modifikation erfolgte durch einen zweistufigen Kraftaufbau. Hierbei wurde für den Umformvorgang lediglich die halbe Prägekraft eingesetzt und diese während dem Abkühlen von $10\,^{\circ}C$ oberhalb der Glasübergangstemperatur bis zur Erstarrung auf die normale Prägekraft erhöht. Hierdurch soll ermittelt werden, ob trotz geringer Prägekraft während der Umformung durch Kompensation der Schwindung in der Erstarrungsphase vergleichbare Schwindungswerte erreicht werden können.

Beide Modifikationen des Prozessverlaufes zeigen die gleichen Schwindungswerte wie die Prägungen mit dem Standardablauf bei gleichen Prozessparametern. Damit zeigt sich, dass die Prägekraft für die Schwindung vor allem im Bereich der Erstar-

Prozessparameter	Minimalwert	Maximalwert	Einfluss
Prägekraft	$20\,\mathrm{kN}$	$100\,kN$	$0{,}07\,\%$
Prägetemperatur	$120\,^{\circ}C$	$190\,^{\circ}C$	$0{,}18\,\%$
Entformtemperatur	$50\,^{\circ}C$	$90\,^{\circ}C$	$0{,}05\,\%$
Abkühlzeit	$6\,min$	$33\,min$	$-\,\%$
Kraftverlauf	$30-60\,kN$	$60-60\,kN$	$-\,\%$
Restschichtdicke	$250\,\mu m$	$500\,\mu m$	$0{,}12\,\%$

Tab. 3.2.: *Übersicht über Einflussfaktoren der Bauteilschwindung wie Prozessparameter und Prozessverlauf.*

rung von Bedeutung ist. Auch die weitere Verlangsamung der Abkühlung führte trotz längerer Zeit zum Abbau der durch die Umformung eingebrachten inneren Spannungen zu keiner messbaren Reduktion der Schwindung. Tabelle 3.2 zeigt eine Übersicht über die mittlere Schwindung bei allen untersuchten Varianten der Replikationen mittels Heißprägen.

Diese Ergebnisse heben die Wichtigkeit hervor, bereits bei der Auswahl der Kunststoffe und der Herstellung der Halbzeuge den Einfluss auf die Bauteilfunktion zu berücksichtigen. Und selbst die Art der Lagerung zeigt einen Einfluss auf die Bauteileigenschaften. Größere Schwankungen konnten der Luftfeuchtigkeit bei der Lagerung zugeordnet werden, so dass sämtliche Bauteile unter Normbedingungen gelagert und vermessen wurden.

Bei Vernachlässigung der Lagerbedingungen ändert sich der Kunststoff aufgrund der Feuchtigkeitsaufnahme. PMMA weist vergleichsweise hohe Quelleigenschaften im Wasser auf, doch bereits an der Luft ändern sich die Maße in Abhängigkeit der Luftfeuchtigkeit. Die maximale Quellung eines Bauteils durch die Luftfeuchtigkeit zeigt sich anhand eines geprägten Bauteils, das nach der Prägung vollständig getrocknet wurde und eine Schwindung von $0{,}69\,\%$ aufwies. Nach einer 24 stündigen Lagerung bei $95\,\%$ Luftfeuchtigkeit konnte bei dem selben Bauteil eine Schwindung von $0{,}43\,\%$ ermittelt werden. Eine vergleichbare Messung von Bauteilmaßen kann daher nur unter abgestimmten Umgebungsbedingungen stattfinden.

Um den Einfluss der Materialfeuchtigkeit hervorzuheben, wurden die Halbzeuge vor der Untersuchung im Vakuumofen getrocknet und anschließend in einer

Klimakammer definierten Umgebungseinflüssen ausgesetzt. Verschiedene Bauteile, die vollständig getrocknet wurden, bzw. bei gesättigter Luftfeuchte 24 Stunden gelagert wurden, wiesen nach der Prägung und 24-stündigen Auslagerung unter Normbedingungen eine Schwindungsdifferenz von etwa 20 % zwischen 0,53 % bis 0,64 % für Plexiglas von Röhm und 0,38 % bis 0,49 % für Hesaglas von Topacryl auf.

Bewertung der Schwindungssteuerung Im Zusammenspiel mit einem zweiten Kunststoff können unterschiedliche Schwindungen zu einer Schädigung des Bauteils führen. Typische Verarbeitungsschwindungen von Thermoplasten liegen zwischen $0,2 - 4\%$ [HHH04]. Bei einer lateralen Längenausdehnung von etwa 150 Millimetern, wie sie der Diagonale in Mikrotiterplatten entsprechen, können durch die ungleichen Anteile der Volumenschwindung Längenunterschiede von einigen Millimetern entstehen. In einem Mehrkomponentenbauteil werden die einzelnen Kunststoffe an einer freien Schwindung gehindert, so dass hierdurch eine Stauchung und Längung der einzelnen Komponenten auftritt, die in Abhängigkeit des E-Moduls bei einem Bauteil mit wenigen Millimetern Dicke bis zu mehreren Hundert Newton an Rückstellkraft führen würden und sich in einem Verzug des Bauteils abbauen.

Da diese Kräfte nicht zerstörungsfrei von einem dünnen Kunststoffbauteil aufgenommen werden können, müssen Kombinationen gewählt werden, die lediglich eine geringe Schwindungsdifferenz aufweisen. Um die Vielfalt möglicher Mehrkomponentenbauteile dadurch nicht gravierend einzuschränken, kann das Schwindungsverhalten durch verschiedene Prozessparameter und Umgebungseinflüsse modifiziert werden. Bei Verwendung von Halbzeugen unterschiedlicher Feuchtigkeit, Herstellungsverfahren und Halbzeugdicke lässt sich die Schwindung im Bereich von 0,2 % bis 0,4 % beeinflussen, so dass eine Mehrkomponentenreplikation der meisten amorphen technischen Thermoplasten ermöglicht wird.

3.2.4. Verbundneigung der Thermoplaste

Wird eine Kunststoffkombination im Überlappungsbereich der Prozessfenster umgeformt, so liegen beide Kunststoffe in dem gleichen Phasenzustand vor, der flüssigen, hochviskosen Schmelze. Die Wechselwirkungen zwischen den Molekülen führen

zu unterschiedlichen Verbundeigenschaften. Bei zwei Schichten des gleichen Kunststoffes können sich die Moleküle im Bereich der Grenzschicht vermischen und zu
Festigkeiten führen, die denen von Bauteilen aus nur einer Schicht entsprechen. Für
amorphe Kunststoffe sind vergleichsweise hohe Prägetemperaturen notwendig, damit sich ein niederviskoser Zustand einstellen kann[Cam07], der zu einer Vermischung
von mehreren Moleküllagen zwischen den Schichten führt. Bei Temperaturen im
Bereich des Glasübergangs vermischen sich lediglich wenige Moleküle in der Rand-
zone durch Diffusion und aufgrund der kurzen Fließwege während der Prägung,
so dass zwischen den Schichten die geringste Festigkeit des Bauteils vorherrscht.
Teilkristalline Kunststoffe lösen bei einer Erwärmung über den Kristallitschmelzbereich die kristallinen Bereiche auf und bilden diese wieder bei einer Abkühlung
unter diesen Temperaturbereich. Die Ausbildung eines festen Verbundes hängt bei
zwei teilkristallinen Schichten davon ab, ob die Moleküle sich zu einer kristallinen
Phase zusammenlegen können oder ob der amorphe Anteil so überwiegt, dass die
Vermischung der amorphen Bereiche zu einem festen Verbund führt.

Die Verbundfähigkeit hängt vor allem von der Kombination der verwendeten
Kunststoffe ab und lässt sich durch die hohe Bandbreite der Zusammensetzungen
nicht vollständig vorhersagen. Selbst bei der Verwendung von zwei unterschiedlichen Halbzeugen innerhalb der gleichen Materialklasse wie PMMA ist eine Vermischung im Kontaktbereich nicht garantiert, so dass sich die einzelnen Komponenten
des Bauteils im Laufe des Gebrauchs wieder lösen können oder das Bauteil aufgrund
unterschiedlicher Materialeigenschaften der Komponenten wie Wärmeausdehnung
oder Wasseraufnahme innere Spannungen ausbildet und sich wölbt.

Daher wurde zuerst untersucht, ob sich eine beliebige Kombinationen von Thermoplasten zu Mehrkomponentenbauteilen verarbeiten lassen kann. Wie im folgenden Kapitel 4.3 dargestellt, weist COC für die Kombination amorpher Thermoplaste eine geringe Benetzbarkeit auf und PMMA als hydrophiler Thermoplast
zeichnet sich durch eine gute Strukturierbarkeit aus, weshalb diese Kunststoffe
hinsichtlich ihrer Verbundneigung untersucht wurden. Dazu wurden jeweils ein
PMMA-Halbzeug und ein COC-Halbzeug kombiniert und zu Bauteilen geprägt.
Bei dieser Kombination konnte auch bei kontinuierlicher Erhöhung der Temperatur von $100\,^{\circ}C$ bis $220\,^{\circ}C$ kein fester Verbund zwischen den beiden Schichten
hergestellt werden. Bei $220\,^{\circ}C$ verfügen beide Kunststoffe über eine solch geringe

Viskosität, dass sie unter Kraft stark fließen und sich vermischen. Dennoch konnten in dem entstehenden Bauteil die Bereiche der beiden Kunststoffe voneinander gelöst werden. Die Vermischung erfolgte also nicht zwischen den einzelnen Molekülen, sondern in größeren Bereichen, die sich gegenseitig nicht verbinden lassen.

Um dennoch einen Verbund herzustellen wurden die Halbzeuge jeweils mit Isopropanol und Aceton chemisch vorbehandelt, mittels Sauerstoff- und Stickstoff-Plasma aktiviert sowie mechanisch durch unterschiedliches Aufrauen bearbeitet. Dennoch konnte mit keiner Vorbehandlung eine feste Verbindung zwischen diesen beiden Thermoplasten erreicht werden. Die Verbundfähigkeit verschiedener Thermoplaste ist vielmehr ein materialabhängiges Verhalten der Moleküle.

Um dennoch eine große Bandbreite neuer Anwendungen zu ermöglichen, wurde die Verbundfähigkeit der zehn häufigsten im Heißprägen eingesetzten Thermoplaste untersucht. Dazu wurden Prägeversuche durch Kombination verschiedener Thermoplaste mit Verarbeitungstemperaturen bis $220\,^{\circ}C$ durchgeführt. Ein Thermoplast wird dabei mit jedem der anderen zu untersuchenden Thermoplasten unter kontinuierlicher Erhöhung der Prägetemperatur in $10\,^{\circ}C$ Schritten geprägt. Nach dem Heißprägen wird die Ausbildung von Mehrkomponentenbauteilen bewertet.

Zur Einteilung der Verbundfähigkeit unterschiedlicher Kunststoffe gibt es noch keine einheitliche Methode[BBOS07;Sch08;Bon09;Dom05]. Da im Spritzguss vor allem volumige Bauteile hergestellt werden, auf die Kräfte in unterschiedlichen Raumrichtungen wirken können, erfährt besonders die Verbundfestigkeit Beachtung. Auch beim Schweißen der Kunststoffe wird eine hohe Festigkeit zwischen den Materialien gefordert. Im Heißprägen entstehen hingegen vorrangig flache Bauteile, die eine im Vergleich zur Bauteilhöhe große laterale Abmessung aufweisen. Senkrecht zur Verbundfläche wirken in typischen Bauteilen kaum Zugkräfte. Ist eine ausreichende Verbundfestigkeit erreicht worden, um den Entformvorgang im Heißprägeprozess zu überwinden, so reicht diese für die meisten Anwendungen bereits aus. Eine hohe Verbundfestigkeit ist daher nur in Ausnahmefällen relevant und muss im Bedarfsfall mit den vorgesehenen Kunststoffen nachgewiesen werden.

Die Einteilung der Mehrkomponentenverbindung erfolgt hier nach der Art des Verbundes nach praktischen Anforderungen. Verbleibt nach dem Öffnen der Anlage eine Folie im Formeinsatz während die andere Folie an der Substratplatte haftet, so reicht die Verbundfestigkeit der Komponenten nicht aus, um die Entformkräfte aufzunehmen. Es fand keine Vermischung der Moleküle der beiden Kunststoffe während dem Formvorgang statt und die Adhäsionkräfte reichten nicht aus, um die Entformkräfte zu überwinden. In diesem Fall lassen sich die beiden Komponenten nicht zu einem Bauteil verbinden und es verbleiben nach dem Prägen stets zwei Schichten.

Die Erzeugung von Mehrkomponentenbauteilen kann auf zwei Arten erfolgen. Im einen Fall erfolgt während dem Prägeprozess eine Durchmischung der Moleküle oder eine Ausbildung von kristallinen Bereichen über die Materialgrenze hinweg, wodurch die beiden Komponenten eine feste Verbindung eingehen. Lassen sich bei mechanischer Belastung wie Biegung des Bauteils bis zum Bruch an der Bruchkante keine zwei Bauteilhälften erkennen, so wird das Bauteil als vollständiger Verbund klassifiziert.

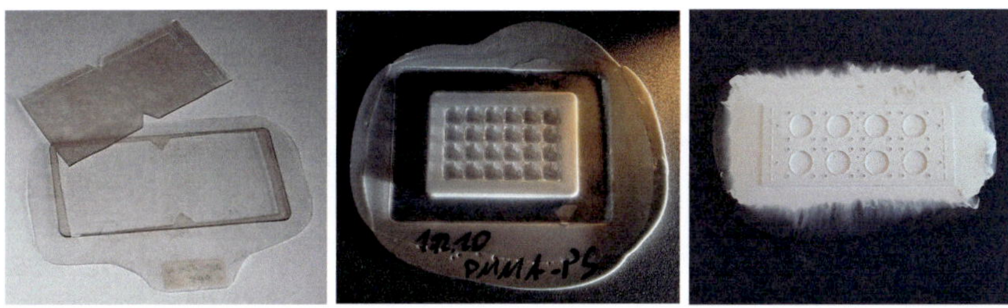

Abb. 3.11.: *Die möglichen Varianten bei der Verbund-Prägung von unterschiedlichen Halbzeugen: Entweder zeichnet sich eine klare Schichttrennung ab, so dass kein Mehrkomponentenbauteil erzeugt werden kann, wie im Falle von PMMA mit COC (links); es bildet sich ein Mehrkomponentenbauteil, das aufgrund von Haftung ein festes Bauteil ausbildet, unter Kraft jedoch wieder getrennt werden kann, wie aus transparentem PMMA und weißem PS (mitte); oder es bildet sich ein fester Materialverbund, der sich mechanisch nicht mehr voneinander trennen lässt, wie aus weißem PC und schwarzem PVC (rechts)*

In der anderen Variante kommt es zu keiner Durchmischung der Moleküle, die Haftkräfte der beiden Komponenten reichen jedoch aus, um die Entformkräfte des Heißprägeprozesses zu überwinden. Bei mechanischer Beanspruchung oder beim Bruch lässt sich jedoch eine Trennschicht zwischen den beiden Komponenten erkennen;

Verbund	*PE*	*PVC*	*SAN*	*PS*	*PMMA*	*COC*	*PP*	*PVDF*	*PC*	*PSU*
PE	X	-	-	-	-	-	-	-	-	-
PVC	1	X	130	130	160	-	170	150	160	140
SAN	1	2	X	130	150	140	140	-	130	130
PS	1	2	3	X	150	140	140	150	160	130
PMMA	1	2	3	2	X	-	-	160	170	150
COC	1	1	3	2	1	X	170	-	160	-
PP	1	2	2	2	1	2	X	-	170	-
PVDF	1	3	1	2	2	1	1	X	-	-
PC	1	3	2	3	3	2	2	1	X	170
PSU	1	2	2	2	2	1	1	1	2	X

Tab. 3.3.: *Verbundmatrix im Heißprägen von zehn ausgewählten Thermoplasten. (1 = getrennte Schichten, 2 = Haftung, 3 = Verbund; die Temperatur gibt die untere Grenze für die Verbundbedingung an.)*

der Bereich der geringsten Bauteilstabilität liegt also in der Verbindungsschicht. In diesem Fall wird die Materialkombination als haftend klassifiziert.

Die verschiedenen Varianten, die sich als Ergebnis der Prägeversuche ergeben, sind in Abbildung 3.11 gegenübergestellt. Bildet sich kein durchgehender Materialkontakt zwischen den Kunststoffen aus oder lassen sich die Schichten mechanisch voneinander lösen, so wird die Prägetemperatur weiter erhöht. Bildet sich ein fester Bauteilverbund aus, der auch bei einem Bruch des Bauteils keine Schichtgrenzen lösen lässt, so wird die minimale Prägetemperatur, mit der ein Verbund möglich war, als Prozessparameter notiert. Bildet sich kein solcher Verbund aus bis $220\,°C$, so wird die für die Erzeugung eines durch Haftung entstehenden Mehrkomponentenbauteils notwendige Prägetemperatur notiert. Tabelle 3.3 gibt die Übersicht über die Verbundeigenschaften und die benötigten Temperaturen.

3.3. Bewertung von Mehrkomponentenbauteilen im Heißprägeprozess

In Kapitel 3.2.2 wurden die Einflussfaktoren der Schwindung analysiert und eine Beeinflussung der Schwindung zwischen $0,2\%$ bis zu $0,4\%$ ermittelt. Durch die Wahl der Parameter und unterschiedliche Vorbehandlungen, beispielsweise der relativen Feuchte, können Kunststoffe kombiniert werden, die in ihren intrinsischen Schwindungseigenschaften bis zu $0,4\%$ abweichen. Dies trifft für die meisten amorphen technischen Thermoplaste zu. Die Schwindung von teilkristallinen Kunststoffen ist jedoch in hohem Maß von der Orientierung der Kristalle abhängig, so dass diese im Heißprägeprozess nicht ausreichend einstellbar ist.

Aus den Ergebnissen der Untersuchung des Schwindungsverhaltens von Thermoplasten und der unterschiedlichen Verbundfähigkeit lassen sich verschiedene Erkenntnisse zum Herstellen von Verbundbauteilen ableiten:

- Nicht jede Kunststoffmischung ist gleich. Vor der Herstellung von Mehrkomponentenbauteilen müssen die Kunststoffe hinsichtlich ihrer Verbundfähigkeit untersucht werden, denn unterschiedliche Typen derselben Kunststoffklasse weisen unterschiedliche Verbundeigenschaften auf.

- Die Schwindung ist nur in begrenztem Rahmen durch Prozessparameter beeinflussbar.

- Der Ansatz aus dem PvT-Diagramm zur Schwindungsreduzierung durch niedrige Entformtemperaturen erhöht die Bauteilbelastung und führt aufgrund der hohen Entformkräfte zu einer Reduktion der Strukturqualität.

- Bei Kombinationen mit einer Schwindungsdifferenz unter $0,4\%$ lassen sich durch geeignete Wahl der Prozessparameter, Herstellung der Halbzeuge und Vorbehandlung wölbungsfreie Bauteile herstellen.

- Bei der Kombination eines amorphen mit einem teilkristallinen Thermoplasten treten überwiegend hohe Schwindungsdifferenzen auf, die zu einer Wölbung des Bauteils führen.

- Bei Kunststoffen mit großen Schwindungsdifferenzen kann das Material mit höherer Schwindung als dünnes Halbzeug auf der Seite der Substratplatte eingesetzt werden, um die Schwindung durch die externe Schwindungsbehinderung an der Substratplatte zu reduzieren.

- Die Lagerung und die Herstellungsverfahren der Halbzeuge haben einen großen Einfluss auf die Verbundeigenschaften.

- Sollen zwei Kunststoffe mit stark unterschiedlicher Viskosität zu einem Mehrkomponentenbauteil verarbeitet werden, kann das Halbzeug des niederviskosen Kunststoffes kleiner geschnitten werden, um ein stärkeres Fließen nach außen zu tolerieren, sofern eine Restschicht von 100 bis 200 Mikrometer des niederviskosen Kunststoffes ausreichend ist.

- Durch Kombination von drei Thermoplasten lassen sich Bauteile kombinieren, die direkt keinen Verbund eingehen können. Abbildung 3.12 zeigt ein solches Beispiel zum Verbund von PMMA und COC mittels einer Zwischenschicht aus SAN.

Abb. 3.12.: *Mehrkomponentenbauteil aus drei Thermoplasten. An der Oberseite PMMA und an der Unterseite COC, die sich nicht direkt verbinden lassen. Durch SAN als Zwischenschicht, mit dem sich sowohl PMMA als auch COC verbindet, kann der Verbund erzeugt werden.*

4. Steuerung der Benetzbarkeit durch Oberflächenmodifikation

Kunststoffbauteile lösen in Analyse- und Diagnosesystemen in der pharmazeutischen und medizinischen Technik immer häufiger das bisher verwendete Glas ab[LG09]. Dies geschieht vor allem aufgrund der geringen Herstellungskosten aber auch wegen der Materialeigenschaften wie Transparenz und Benetzbarkeit vieler Kunststoffe. Die Herausforderung zur weiteren Verbesserung von Mikrosystemen besteht darin, die Vielfalt der Eigenschaften von Kunststoffen optimal auf die benötigte Funktion einzustellen. Während beispielsweise in den Kanälen mikrofluidischer Systeme wie den DWPs hydrophile Oberflächeneigenschaften den Analyttransport verbessern, ist eine gute Benetzbarkeit an verbleibenden Stellen des Bauteils oft unerwünscht. Durch eine Steuerung der Oberflächenbenetzung kann eine Flüssigkeit gezielt in definierten Bereichen transportiert werden. Im Falle der DWPs bewirken die hydrophilen Materialeigenschaften, dass auch an der Unterseite des Bauteils Reste des Analyts haftenbleiben und die Anlage kontaminieren können. Um diese Fremdbenetzung zu vermeiden, ist es erforderlich, die Benetzungseigenschaften gezielt an das System und die Anforderungen anzupassen.

4.1. Benetzbarkeit von Thermoplasten

Jeder Kunststoff weist eine für das Material spezifische Benetzbarkeit auf. Diese intrinsische Benetzbarkeit kann mit Hilfe verschiedener Verfahren bestimmt werden[BGK03], eine vergleichsweise schnelle und automatisierbare Methode ist die Bestimmung des Kontaktwinkels eines Flüssigkeitstropfens auf der Oberfläche des Materials. Diese Kontaktwinkelmessung beruht auf dem energetischen Gleichgewicht zwischen der Oberflächenenergie einer Flüssigkeit und der Oberflächenenergie des zu untersuchenden Materials. Die resultierende Benetzbarkeit kann aus den Grenzflächenspannungen ermittelt werden und wird durch die Gleichung nach Young et al. beschrieben[CSW10].

$$\cos\theta = \frac{\gamma_{SA} - \gamma_{SL}}{\gamma_{LA}} \qquad [4.1]$$

Der Kontaktwinkel θ wird dabei zwischen der Tangente am Rand des Tropfens auf der Oberfläche und der Festkörperoberfläche gemessen, wie in Abbildung 4.1 links veranschaulicht. Die Grenzflächenspannungen zwischen dem Festkörper und dem flüssigen Tropfen γ_{SL}, dem Festkörper und dem umgebenden Gas γ_{SA} und dem flüssigen Tropfen und dem umgebenden Gas γ_{LA} nehmen dabei den energetisch günstigsten Gleichgewichtszustand an [ALS09].

Gleichung 4.1 gilt jedoch nur für ideal glatte Oberflächen. Da jede technische Oberfläche eine Rauheit aufweist, erhöht sich die effektive Fläche, auf der ein Tropfen in Kontakt mit dem Feststoff steht. Im Gesamtsystem Luft-Flüssigkeit-Feststoff reduziert sich dadurch der Anteil der Oberflächenspannung zwischen dem Festkörper und dem Tropfen, so dass sich das Gleichgewichtsverhältnis ändert. Wenzel et al. beschreiben diesen Einfluss der Oberflächenrauheit in Form eines Korrekturfaktors r der Rauheit, um die er die Young-Gleichung erweitert [Wen36].

$$\cos\theta^* = r * \frac{\gamma_{SA} - \gamma_{SL}}{\gamma_{LA}} \qquad [4.2]$$

Nach Gleichung 4.2 führt eine Vergrößerung der Oberfläche durch Aufrauen oder Strukturieren dazu, dass sich bei einem hydrophilen Material ein verkleinerter Kontaktwinkel ergibt, während sich bei einem hydrophoben Material ein vergrößerter Kontaktwinkel ausbildet [BN98]. Das Aufrauen führt zu einem Verstärken der intrinsischen Materialeigenschaften. Abbildung 4.1 rechts stellt diesen Zusammenhang schematisch dar.

Um ein Bauteil mit hydrophiler Oberseite und hydrophober Unterseite herzustellen, wurden ausgewählte thermoplastische Kunststoffe hinsichtlich ihres Benetzungsverhaltens untersucht. Eine Einteilung der technischen Thermoplaste hinsichtlich ihrer Benetzbarkeit wurde mittels dynamischen und statischen Kontaktwinkelmessungen an einem Kontaktwinkelmessgerät der Firma DataPhysics vom Typ SCA20 durchgeführt.

Der statische Kontaktwinkel, der sich einstellt, wenn ein Wassertropfen auf die Probenoberfläche abgesetzt wird, wurde an 23 Thermoplasten ermittelt. Dafür

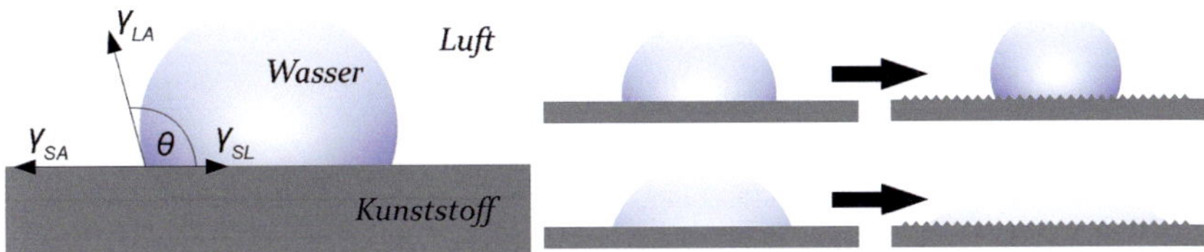

Abb. 4.1.: *Schematische Darstellung einer benetzten Oberfläche und die daraus abgeleiteten Größen zur Ermittlung der Benetzbarkeit nach Young (links). Eine Vergrößerung der Festkörperoberfläche durch Strukturierung oder Aufrauen führt nach Wenzel bei hydrophoben Oberflächen zu einer noch geringeren Benetzung (oben rechts) und bei hydrophilen Oberflächen zu noch geringeren Kontaktwinkeln (unten rechts).*

wird die Tropfenform auf der Kunststoffoberfläche mittels einer Kamera detektiert und durch eine Kurve an die Tropfenkontur angenähert. Der Kontaktwinkel am Schnittpunkt zwischen Tropfen und Kunststoffoberfläche wird anschließend von einer Software berechnet.

Die dynamischen Kontaktwinkelmessungen werden durchgeführt, während die Dosiernadel in dem abgesetzten Tropfen verbleibt und kontinuierlich Flüssigkeit hinzu dosiert und wieder absaugt. Der Kontaktwinkel, der sich ausbildet während das Tropfenvolumen ansteigt, wird dabei der fortschreitende Kontaktwinkel genannt. Der rückschreitende Kontaktwinkel ist dagegen der Winkel, der sich beim Absaugen der Flüssigkeit und damit dem Zurückweichen des Tropfens an der Oberfläche ausbildet.

4.1.1. Klassifizierung von Thermoplasten nach ihrer Benetzbarkeit

Die experimentelle Messung von Kontaktwinkeln wird durch eine Vielzahl von Umgebungseinflüssen wie Luftfeuchtigkeit, Verdunstung, Beleuchtung, Methode zur Annäherung der Tropfenkontur, Oberflächenverschmutzungen der Probe und Zusammensetzung der Probe sowie der Messflüssigkeit beeinflusst. Daher werden Kontaktwinkelmessungen überwiegend als Vergleich zwischen unterschiedlichen Proben und nicht zur Bestimmung von Absolutwerten eingesetzt. Damit dennoch eine Klassifizierung der im Heißprägen eingesetzten Thermoplaste durchgeführt werden kann und das Benetzungsverhalten der heißgeprägten Bauteile vergleichbar ist, wurden Versuche unter identischen Bedingungen durchgeführt.

Die untersuchten Kunststoffe standen entweder als Granulate oder als Folien zur Verfügung. Um eine vergleichbare Oberflächenstruktur zu erhalten, wurden sowohl die Granulate als auch die Folien in einer Heißprägeanlage zwischen zwei Polyimidfolien geprägt. Zur Einteilung der Kunststoffe hinsichtlich ihres Benetzungsverhaltens wurden die geprägten Folien vergleichbar den in der Praxis eingesetzten Bauteilen ohne zusätzliche Oberflächenbehandlung mit dem Kontaktwinkelmessgerät vermessen. Um Verfälschungen der Messwerte durch Verunreinigungen gering zu halten, erfolgte die Herstellung der Proben unter Reinraumbedingungen. Da die Oberflächenspannung des Wassers außerdem temperaturabhängig ist[HSS77], wurden alle Kontaktwinkelmessungen bei konstanter Temperatur von $25\,°C$ durchgeführt. Abbildung 4.2 zeigt die Verteilung der statischen Kontaktwinkel der untersuchten 23 Kunststoffe.

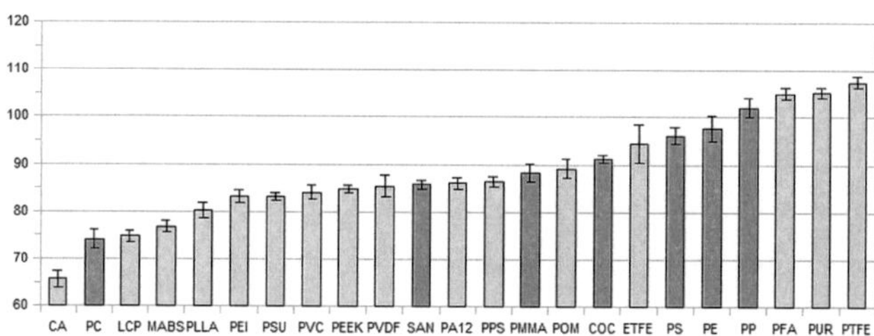

Abb. 4.2.: *Übersicht der statischen Kontaktwinkel von ausgewählten Thermoplasten*

Auf Basis der Ergebnisse der Kontaktwinkelmessungen wurden Thermoplaste ausgewählt, anhand derer eine Steuerung des Benetzungsverhaltens untersucht werden sollte. Auswahlkriterien für die weiteren Untersuchungen sind neben der Auswahl hydrophober und hydrophiler Kunststoffe auch die Verarbeitbarkeit und Verfügbarkeit des Materials. Daher wurden nur Kunststoffe weiter untersucht, die sich bei Temperaturen bis $220\,°C$ im Heißprägen verarbeiten lassen.

Die Vertreter der Fluorpolymere PFA und PTFE werden bei Prägetemperaturen von über $250\,°C$ geprägt, das thermoplastische Elastomer PUR erfordert aufgrund des elastischen Anteils zusätzlichen Aufwand in der Verarbeitung (die Einteilung der Kunststoffe hinsichtlich ihrer Verarbeitung wird in Kapitel 3.1 erläutert). Daher wurden als Vertreter der hydrophoben Thermoplaste Polypropylen (PP), Polyethylen (PE), Polystyrol (PS) sowie Cycloolefin Copolymer (COC) und von den hydrophilen Kunststoffen Polymethylmethacrylat (PMMA), Polycarbonat (PC) und Styrol-Acrylnitril (SAN) für die weiteren Untersuchungen ausgewählt.

4.1.2. Oberflächenbehandlungen von Thermoplasten

Vier hydrophobe und drei hydrophile Thermoplaste wurden Oberflächenbehandlungen unterzogen und deren Einfluss auf die Benetzbarkeit ermittelt. Die durchgeführten Oberflächenbehandlungen wurden so ausgewählt, dass sie automatisierbar durchzuführen sind, damit sie auch für mikrofluidische Bauteile aus größeren Produktionsserien eingesetzt werden können. Daher wurden die folgenden sieben Behandlungen auf die ausgewählten Thermoplasten angewendet und die dadurch erreichbare Beeinflussbarkeit der Benetzung verglichen.

- Oberflächenbehandlung mit organischem Lösemittel Isopropanol

- Oberflächenbehandlung mit organischem Lösemittel Aceton

- Trocknen unter Vakuum

- Feuchtigkeitsättigung durch Einlegen in Wasser

- Plasmabehandlung mit Sauerstoff

- Plasmabehandlung mit Stickstoff

- UV-Bestrahlung der Oberfläche

Isopropanol wird überwiegend zur Entfettung der Bauteile eingesetzt, während Aceton bereits technische Thermoplaste wie PMMA und PC anlöst. Lösemittel, die den Kunststoff stärker schädigen, wurden aufgrund der Wechselwirkung mit einer veränderten Oberflächenstruktur vermieden. Da mikrofluidische Bauteile in Laboren nicht immer unter identischen Arbeitsbedingungen eingesetzt werden, wurde der maximale Einfluss des Probenfeuchtegehalts bei den Extremen minimaler und maximaler Feuchtigkeit untersucht. Durch die Plasmabehandlung mittels Sauerstoff und Stickstoff werden reaktive Gruppen an der Probenoberfläche gebildet,

| Probe | Lösemittelbeh. | | Feuchtevariation | | Plasmabeh. | | |
	Isopropanol	Aceton	Trocken	Nass	O_2	N_2	UV
PP	103	101	105	102	71	53	103
PE	98	99	103	91	71	42	99
PS	96	91	104	94	41	47	98
COC	91	95	91	86	21	40	91
PMMA	86	63	95	86	54	36	95
PC	76	76	78	72	23	29	75
SAN	86	83	84	83	16	37	82

Tab. 4.1.: *Übersicht der mittleren Kontaktwinkel von sieben ausgewählten Thermoplasten nach verschiedenen Oberflächenbehandlungen. Die Standardabweichungen liegen jeweils zwischen 0,6 bis 2,7 Grad*

welche eine polare Oberfläche erzeugen, an der sich die ebenfalls polaren Wassermoleküle bevorzugt anlagern[AH04]. Durch UV-Bestrahlung werden die Molekülketten verschiedener Kunststoffe aufgebrochen, wodurch oberflächennah kürzere Molekülketten entstehen und die wechselwirkenden Endgruppen verändern[THH+04]. Die veränderten Kontaktwinkel sind in Tabelle 4.1 zusammengefasst.

Die Plasmabehandlung ist die untersuchte Methode, welche die Benetzbarkeit der Kunststoffe am stärksten erhöht. Allerdings sind die Veränderungen der Benetzbarkeit durch die Plasmabehandelung nicht dauerhaft beständig. Messungen des Kontaktwinkels nach 24 Stunden zeigten bereits eine Abnahme des Effekts von fast 50 %. Daher ist die Plasmabehandlung nicht geeignet, um mit hydrophoben Polymeren Bauteile mit dauerhaft unterschiedlichen Benetzungseigenschaften an der Bauteiloberseite und -unterseite zu erzeugen. Die Behandlung mit Isopropanol sowie die UV-Behandlung veränderten die Kunststoffe minimal und bewirkten daher keine Veränderung der Benetzbarkeit. Lediglich bei PMMA und SAN konnte die Benetzbarkeit durch die UV-Behandlung um wenige Grad verschoben werden. Die Behandlung mit Aceton führte zu einem Anätzen bei nicht resistenten Kunststoffen und damit zu einer vergrößerten Oberfläche und der damit nach Wenzel verbundenen Verstärkung der intrinsischen Benetzungseigenschaften. Die Variation des Feuchtegehalts zeigte nur eine geringe Veränderung der Benetzung mit der Tendenz einer geringeren Benetzung bei getrockneten Kunststoffen und einer höheren Benetzung bei gesättigten Kunststoffen. Um eine Benetzung der Bauteilunterseite im Falle der DWPs jedoch verhindern zu können, sollte die Oberflächenspannungsdifferenz zumindest in den stark hydrophoben Bereich oberhalb von $120°$ führen, idealerweise sogar in den superhydrophoben Bereich oberhalb von $150°$. Hierfür sind die untersuchten Behandlungsmethoden zur Veränderung der Benetzbarkeit nicht ausreichend

4.2. Mikro- und Submikrometerstrukturierung von Thermoplasten

Eine Oberflächenrauheit sorgt für eine Erhöhung der Kontaktfläche zwischen Tropfen und Probe, wodurch das energetische Gleichgewicht zwischen den Grenzflächen verschoben wird. Eine vergleichsweise hohe Rauheit kann hingegen auch zu einer geringeren Benetzbarkeit führen, indem sich ein Luftpolster zwischen dem Tropfen und dem Feststoff ausbildet. Der Flüssigkeitstropfen berührt nur noch an den verbleibenden Auflageflächen den Festkörper, an den restlichen Bereichen bildet sich eine Grenzfläche zur Luft aus. Das Luftpolster verringert dadurch die Benetzbarkeit des Festkörpers und erhöht den Kontaktwinkel. Dieser Zusammenhang wird nach der Theorie von Cassie und Baxter beschrieben[CB44].

Während nach der Theorie von Wenzel ein hydrophiles Material durch Strukturierung hydrophiler wird[BN98], jedoch nicht hydrophob werden kann, ist durch die Erzeugung eines Luftpolster zwischen Tropfen und Strukturboden eine Erhöhung des Kontaktwinkels und damit eine Verschiebung der Benetzungseigenschaften von hydrophil nach hydrophob durchaus möglich. Um die teilweise Benetzung des Festkörpers zu berücksichtigen wurde die Gleichung von Young und Wenzel erneut um einen Korrekturfaktor f erweitert, welcher den Anteil der benetzten Oberfläche des Festkörpers angibt.

$$\cos\theta^* = r_f * f * \frac{\gamma_{SA} - \gamma_{SL}}{\gamma_{LA}} + f - 1 \qquad [4.3]$$

Falls die Oberfläche vollständig benetzt wird und sich kein Luftpolster unter dem Tropfen bildet, ergibt sich der Anteil der benetzten Oberfläche und damit der Korrekturfaktor f zu eins, wodurch die Gleichung 4.3 nach Cassie der Gleichung 4.2

nach Wenzel und bei einem Rauheitsfaktor $r = 1$ der Young-Gleichung 4.1 entspricht. Aus Gleichung 4.3 ist jedoch abzuleiten, dass ein mit zwei Strukturebenen versehenes Bauteil besonders geringe Benetzung aufweist, wenn die obenliegende Ebene einen sehr geringen Anteil an der mit dem Tropfen in Kontakt stehenden Oberflächenstruktur hat und der Tropfen den Strukturgrund, die untenliegende Strukturebene, dabei nicht berührt. Nach der Gleichung nach Cassie führen Strukturen mit hohem Aspektverhältnis und großen Strukturabständen im Vergleich zu den lateralen Abmessungen der hochstehenden Strukturen, beispielsweise Pins, auf denen der Flüssigkeitstropfen aufliegt, zu Kontaktwinkeln bis nahezu 180°.

Um eine möglichst geringe Benetzung der Strukturunterseite zu erreichen muss die Oberflächenstruktur außerdem an die Tropfengröße und das Tropfengewicht angepasst werden[CQ05]. Das Tropfengewicht spielt im Falle der DWPs eine untergeordnete Rolle, da die Gewichtskraft während der Dosierung von der Bauteilunterseite weg wirkt. Um ein Luftpolster unter dem Tropfen einschliessen zu können, sollte die Oberflächenstrukturierung eine Größenordnung kleiner als die Tropfengröße sein[CRAG05]. Die Öffnungen der Dosierdüsen weisen einen Durchmesser von $100\,\mu m$ auf, bei Dosierungen mit wässrigen Lösungen wurden damit Tropfendurchmesser zwischen $5 - 50\,\mu m$ an der Bauteilunterseite gemessen. Dadurch werden Oberflächenstrukturen bis in den Submikrometerbereich erforderlich.

Die Herstellung von Mikro- und Submikrometerstrukturen, die eine Benetzung des Strukturgrunds verhindern, erfordert eine gute Strukturqualität oder Strukturen mit hohen Aspektverhältnissen. Um diese Strukturen reproduzierbar und definiert herstellen zu können, müssen auch die Vorgeschichte der verwendeten Polymere und die Prozessparameter berücksichtigt werden. Daher wird der Einfluss der Halbzeuge sowie verschiedene Designs der Strukturierung untersucht.

4.2.1. Vorgeschichte der Halbzeuge

Bereits bei Linienstrukturen mit einem Mikrometer Kantenlänge sowie bei Submikrometerstrukturen beträgt der Volumenanteil der Struktur zur üblicherweise $500\,\mu m \pm 200\,\mu m$ dicken Restschicht unter $0,5\,\%$. Da die Ausgangsstoffe zur Polymerherstellung meist mit einer Reinheit im Bereich von $99,5\,\%$ angegeben werden, muss bereits die Vorgeschichte der Halbzeuge für eine optimale Strukturierung berücksichtigt werden. Abweichende Schmelztemperaturen von Verunreinigungen können anderenfalls inhomogene Strukturen und Zusammensetzungen bedingen.

Kommerziell erhältliche Halbzeuge werden entweder mittels Extrusion, Spritzguss oder durch direkte Polyreaktion der Monomere in der gewünschten Folienform hergestellt. Zur Herstellung der Folien mittels Extrusion werden Kunststoffgranulate als Ausgangsmaterial verwendet. Die Granulate werden aufgeschmolzen und durch eine definierte Form gepresst[Chu00]. Für die Herstellung der Halbzeuge werden Spalte mit der gewünschten Halbzeugdicke verwendet. Während der Pressung durch den Spalt findet eine Ausrichtung der Polymermoleküle in Fließrichtung statt, die aufgrund der Erstarrung unmittelbar nach dem Extrusionsspalt eingefroren wird. Charakteristisches Merkmal dünner extrudierter Folien ist ein Verzug der Folien beim Erwärmen ohne Last, welche die inneren Spannungen durch die ausgerichteten Moleküle zeigt[Bro01]. Auch bei der Herstellung der Halbzeuge mittels Spritzguss werden innere Spannungen durch den langen Fließweg der Schmelze und die hohe Abkühlgeschwindigkeit eingefroren[Sch00].

Bei der weiteren thermischen Verarbeitung von Kunststoffen, in denen Molekülketten gerichtet vorliegen, findet eine Rückformung der Moleküle in einen entropisch günstigeren, geknäulten Zustand statt. Diese Rückformung, die Entropieelastizität der Polymere, äußert sich bei Begrenzung des Spannungsabbaus, beispielsweise durch einen Formeinsatz, in Kräften auf die Strukturen des Formeinsatzes. Die entstehenden Kontaktspannungen können dazu führen, dass feine Strukturen verbogen und beschädigt werden.

Gegossene Halbzeuge werden aus den flüssigen Monomeren hergestellt, die gewünschte Dicke der Halbzeuge kann durch den Abstand zweier Glasplatten definiert werden, zwischen welche die Monomer- und Katalysatormischung eingefüllt wird. Wie bei der Herstellung der Polymere in Kapitel 2.1.1 dargelegt, entstehen bei der Polykondensation Nebenprodukte, die während der Reaktion abgeführt werden müssen. Da eine vollständige Entfernung während der Reaktion nicht möglich ist, verbleiben Reste der Nebenprodukte im Material nachweisbar[BB90], die das Materialverhalten für die Replikation beeinflussen können. Neben den Katalysatoren werden häufig bei der Polymerherstellung außerdem noch UV-Absorber zugefügt, um eine Langzeitstabilität des Kunststoffes zu erreichen sowie Trennmittel, Flammschutzmittel, Antistatika oder Weichmacher[ZMS09]. Da diese die Bauteileigenschaften insbesondere für optische Anwendungen beeinflussen, wurden beispielsweise für hochpräzise optische Bauteile spezielle Kunststoffmischungen verwendet, die keine UV-Absorber aufweisen[VKC+10]. Gegossene Halbzeuge weisen aufgrund der Herstellung geringe innere Spannungen auf und sind durch die Versiegelung mit einer Schutzfolie direkt für das Heißprägen einsetzbar. Allerdings ist die Auswahl der Kunststoffe, die als gegossene Halbzeuge kommerziell erhältlich sind, stark begrenzt. Daher werden Halbzeuge aus anderen benötigten Materialien mittels Heißprägen hergestellt.

4.2.2. Heißprägen von Halbzeugen

Im Vergleich zu extrudierten oder spritzgegossenen Halbzeugen lassen sich Halbzeuge mittels Heißprägen mit sehr geringen inneren Spannungen herstellen. Kunststoffe, die nur als Granulate zu erwerben sind oder in kleinen Mengen entwickelt wurden, können in einem ersten Schritt auf die gewünschte Dicke heißgeprägt werden und als Halbzeuge weiter verarbeitet werden. Hierfür wird eine abgewogene Menge Granulat zwischen polierte Stahlplatten oder temperaturbeständige Folien in einem Rahmen platziert, wie in Abbildung 4.3 gezeigt.

Abb. 4.3.: *Aufbau zum Prägen von Halbzeugen: Eine abgewogene Granulatmenge im Prägerahmen zwischen Polyimidfolien. Die Halbzeuge werden spannungsarm erzeugt und können direkt aus Granulat gewonnen werden.*

Für die anschließende Strukturierung von einfachen Mikrobauteilen reichen diese Halbzeuge im Allgemeinen aus. Bei der reproduzierbaren Herstellung von Strukturen im unteren Mikro- und Submikrometerbereich hingegen können bereits geringe Inhomogenitäten in den Halbzeugen zu Strukturabweichungen führen. Abbildung 4.4 zeigt zwei Halbzeuge, die direkt aus Granulat heißgeprägt wurden und sichtbare Inhomogenitäten aufweisen.

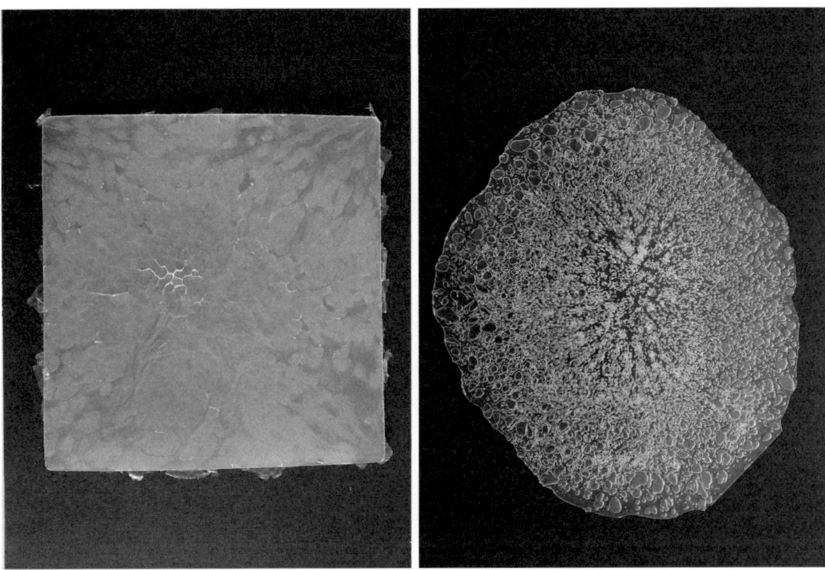

Abb. 4.4.: *Entmischungen in teilkristallinem PP-Halbzeug nach einmaliger Prägung mit geringer Temperatur (links) und ungetrocknetes amorphes PC-Halbzeug mit Bläschenbildung bei zu hoher Prozesstemperatur (rechts). Um homogene Halbzeuge herzustellen, wird eine Vorbehandlung der Granulate sowie Prägetemperaturen oberhalb des üblichen Heißprägeprozessfensters benötigt.*

Auf der linken Seite ist ein Halbzeug aus Polypropylen (PP) abgebildet, in dem Fließspuren von der Mitte nach außen zu erkennen sind. Diese lassen sich damit erklären, dass einzelne Anteile in den Kunststoffen wie Additive und Hilfsstoffe eine niedrigere Erweichungstemperatur aufweisen als der Polymeranteil. Sie sind in den Randschichten der Granulatkörner konzentriert und fließen bereits bei einer niedrigeren Temperatur um die inneren, noch festen Bereiche der Granulatkörner herum nach außen. Hierdurch entstehen in den Randbereichen der Halbzeuge höhere Konzentrationen der Additive und Hilfsstoffe als in der Mitte der Halbzeuge. Neben den Zusatzstoffen spielt auch die Alterung von Thermoplasten wie PP eine Rolle, da das mittlere Molekulargewicht durch Oxidationseffekte auch bei niedriger Temperatur über einen langen Zeitraum reduziert wird[ZMS09]. Die Alterung schreitet in den Randbereichen der Granulatkörner schneller voran als im Kern, da diese stärker den Umgebungseinflüssen ausgesetzt sind.

Um eine bessere Durchmischung der Halbzeuge und damit homogenere Strukturierungen zu erreichen, werden im Vergleich zur Prägetemperatur bei Strukturierungen um 20 bis 50 Kelvin höhere Prägetemperaturen für die Halbzeugherstellung verwendet. Die dadurch erreichbare niedrige Viskosität führt zu einer besseren Durchmischung im Halbzeug. Bei Kunststoffen mit hohem Anteil an Zusatzstoffen werden die Halbzeuge außerdem in mehrere Segmente zerteilt und für wiederholte Durchmischungen übereinander gestapelt und erneut geprägt.

Abbildung 4.4 zeigt auf der rechten Seite ein Halbzeug aus Polycarbonat, das bei der notwendigen erhöhten Prägetemperatur hergestellt wurde. Darin lassen sich Luftbläschen beobachten, die der Feuchte des Kunststoffes zuzuordnen sind. Um diese Luftblasen zu vermeiden, muss der Kunststoff unmittelbar vor der Verarbeitung getrocknet werden. Durch diesen Temper- und Vortrocknungsschritt können darüber hinaus bei der Polyaddition verbliebene Nebenprodukte entfernt werden und sorgen für homogene Halbzeuge. Die Abbildung 4.5 zeigt Halbzeuge aus den gleichen Kunststoffen nach den Optimierungsschritten zur Halbzeugherstellung.

4.2.3. Einfluss des Molekulargewichts auf das Fließverhalten

Neben der Homogenität der Halbzeuge ist auch die Zusammensetzung der Polymere von Bedeutung, da diese wichtige Eigenschaften bei der Replikation wie Viskosität und Fließverhalten bestimmt. Die genaue Zusammensetzung der kommerziell erhältlichen Kunststoffe wird jedoch oft nicht bekanntgegeben und in unregelmäßigen Abständen verändert. Vor der Auswahl eines Kunststoffes für eine größere

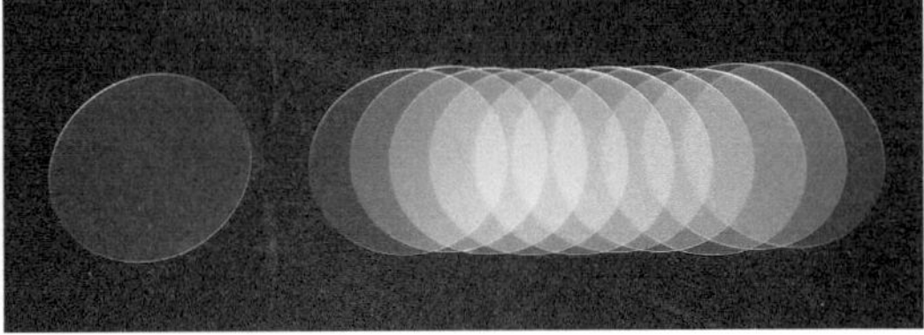

Abb. 4.5.: *Heißgeprägte Halbzeuge aus amorphem PC (links) und aus teilkristallinem PP (rechts). Die homogene Herstellung amorpher Kunststoffe kann in einem Prozessfenster von 20 bis 50 Grad Kelvin stattfinden, die Herstellung teilkristalliner Halbzeuge erfordert einen mehrstufigen Prozess und muss innerhalb von 10 Grad Kelvin erfolgen.*

Serie müssen daher die aktuell auf dem Markt verfügbaren Mischungen erneut untersucht werden.

Eine messbare Größe von Kunststoffen, die sich aus Polymerisationsdauer, Katalysatormenge und Polymerisationstemperatur ergibt, ist das Molekulargewicht. Da in verschiedenen auf dem Markt verfügbaren Kunststoffen zwar ein unterschiedliches Molekulargewicht messbar ist, dessen Einfluss durch die ebenfalls unterschiedlichen Additive jedoch völlig verschleiert wird, wurden für diese Arbeit in Zusammenarbeit mit der Firma Topacryl Folien hergestellt, die sich nur durch die Menge des Katalysators mit entsprechend angepasster Polymerisationsdauer unterscheiden. Hierdurch lässt sich sicherstellen, dass neben dem geringen Einfluss der Katalysatormenge nur das Molekulargewicht variiert wird. Aufgrund der einfachen Handhabung und des breiten Prozessfensters im Heißprägen wurden für die Untersuchungen drei Typen von PMMA Hesaglas-Folien mit einem Millimeter Dicke hergestellt, eine Folie nach dem Standardverfahren von Topacryl und zwei modifizierte Folien. Die Folie mit hohem Molekulargewicht wurde mit der halben Menge des Katalysators hergestellt, die Dauer bis zur vollständigen Polymerisation wurde verdoppelt; die Folie mit geringem Molekulargewicht wurde mit der doppelten Menge des Katalysators und halber Polymerisationsdauer hergestellt.

Die Bestimmung des Molekulargewichts der PMMA Folien wurde mittels Gel-Permeations-Chromatographie (GPC) extern durchgeführt. Als Mittelwert des Molekulargewichts wird das Zahlenmittel der Molmasse angegeben, das Gewicht aller Moleküle geteilt durch die Anzahl der vorhandenen Moleküle[Dol97]. Die Ergebnisse sind in Tabelle 4.2 zusammengefasst.

PMMA Probe	Molmassen-Zahlenmittel	Gewichtsmittel
Doppelte Katalysatormenge	356.000	838.000
Standardverfahren	407.000	920.600
Halbe Katalysatormenge	530.000	1.004.000

Tab. 4.2.: *GPC Analyseergebnisse zum Zahlenmittel der Molmasse und dem Gewichtsmittel der drei unterschiedlichen PMMA Folien. Die Analyse wurde von Polymer Standards Service GmbH mit einer Kalibrierung an PMMA Polymerstandard durchgeführt.*

Die Analyse des Fließverhaltens und der Replikationstreue in Abhängigkeit des Molekulargewichts wurde mit drei Formeinsätzen unterschiedlicher Strukturgrößen durchgeführt, um Fließverhalten und Formfüllung untersuchen zu können. Für die Bestimmung des Fließverhaltens wurde ein Formeinsatz mit vergleichsweise großer Strukturfläche von $70 \, x \, 70 \, mm^2$ ausgewählt. Die Strukturvertiefungen weisen eine Breite von $10 \, \mu m$ von einer Kante zur gegenüberliegenden Kante auf, eine Tiefe von $25 \, \mu m$ und einen Abstand zwischen den Vertiefungen von $15 \, \mu m$. Zur Bestimmung der Formfüllung wurden Formeinsätze mit Abmessungen im Submikrometerbereich verwendet. Der erste weist $500 \, nm$ tiefe quadratische Löcher mit einer Kantenlänge von $400 \, nm$ und einem Strukturabstand von $200 \, nm$ auf, der andere eine Linienstruktur mit $200 \, nm$ breiten Linien und Gräben bei einer Formtiefe von $500 \, nm$. Die strukturierte Fläche dieser Formeinsätze ist auf quadratische Felder mit $10 \, mm$ Kantenlänge begrenzt. Aufnahmen der Formeinsätze sind in Abbildung 4.6 gezeigt.

Als Prozessparameter für die Abformung wurden Prägeparameter in der Mitte des typischen Prozessfensters von PMMA gewählt, $160 \, °C$ als Prägetemperatur und $100 \, kN$ als Prägekraft für den großflächig strukturierten Formeinsatz, bzw. $50 \, kN$ als Prägekraft für die Submikrometerstrukturen. Die Auswertung erfolgte anschließend durch Messung der Strukturen mittels optischem und Rasterelektronenmikroskop der Mikrostrukturen sowie mittels AFM-Messung der Strukturen im Submikrometerbereich. Abbildung 4.7 stellt die Replikation des mikrostrukturierten Formeinsatzes mit hohem und geringem Molekulargewicht direkt gegenüber.

Die Strukturen der Abformung mit hohem Molekulargewicht sind über den gesamten Strukturbereich nicht vollständig ausgefüllt. In der Mitte des Formeinsatzes wird eine Strukturhöhe von $18 \, \mu m$ erreicht, am Rand des Strukturfeldes, $45 \, mm$

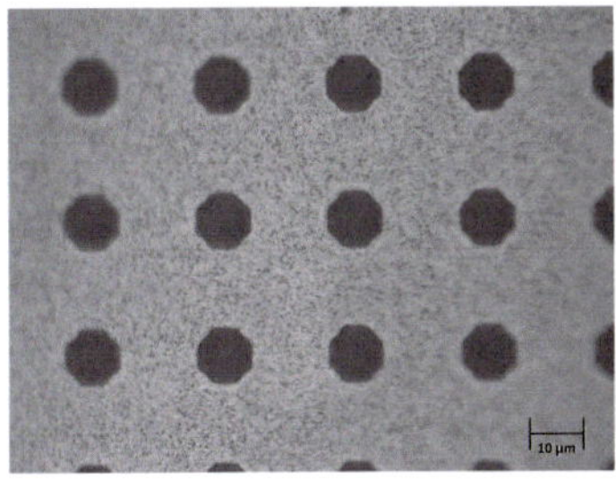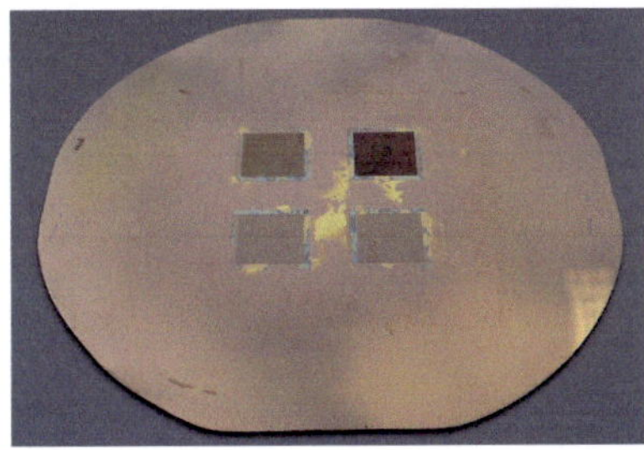

Abb. 4.6.: *Aufnahme eines optischen Mikroskops des Mikrostrukturformeinsatzes mit einer Strukturfläche von $70 \, x \, 70 \, mm^2$ (links) und Foto des Nickelshims mit vier Strukturfeldern mit Submikrometerstrukturen (rechts) für die Untersuchung des Einflusses unterschiedlichen Molekulargewichts.*

vom Mittelpunkt Richtung Ecke, werden die Strukturen bis zu einer Höhe von $12 \, \mu m$ ausgeformt. Die Strukturen der Replikation mit geringem Molekulargewicht füllen in der Mitte des Strukturfeldes den Formeinsatz bis zur vollständigen Tiefe von $25 \, \mu m$ aus, am Rand des Strukturfeldes wird hingegen nur eine Strukturhöhe von $7 \, \mu m$ erreicht.

Dies lässt auf eine unterschiedliche Druckverteilung in der Schmelze während dem Füllvorgang schließen. Während bei Verwendung von PMMA mit geringem Molekulargewicht in der Mitte ein vergleichsweise höherer Druck die Formfüllung bei kleinen Strukturfeldern begünstigt, der Druck nach außen jedoch stark abfällt und Strukturen in den Randbereichen nur schlecht befüllt, ermöglicht eine höhermolekulare Mischung hingegen eine bessere Druckverteilung in der Schmelze bei großformatigen Abformungen und damit eine homogenere Formfüllung.

Die Abformung der Strukturen im Submikrometerbereich bestätigen diese Erkenntnis. Je geringer das Molekulargewicht, desto tiefer werden die Submikrometerstrukturen ausgefüllt. Die Auswertung erfolgte durch Ermittlung der Stufenhöhe mittels AFM Software von Veeco in einem Strukturfeld von $10 \, \mu m * 10 \, \mu m$ in der Mitte des Strukturfeldes anhand von jeweils drei replizierten Bauteilen. Die Replikation mit geringem Molekulargewicht führt zu $480 \, nm$ hohen Quadern, die Replikationen mit mittlerem Molekulargewicht zu $440 \, nm$ und mit niedrigem Molekulargewicht zu $400 \, nm$ hohen Linien. Im Falle der Linienstrukturen werden Fülltiefen von $400 \, nm$, $380 \, nm$ und $330 \, nm$ erreicht. Abbildung 4.8 verdeutlicht den

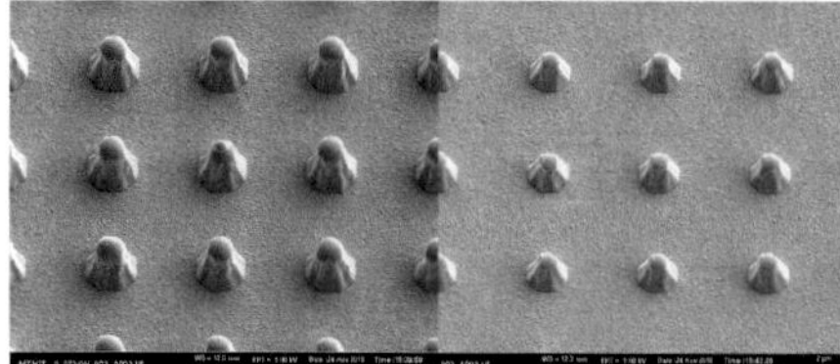 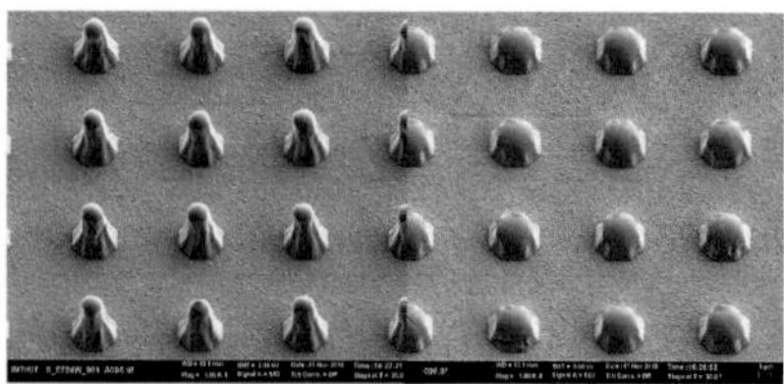

Abb. 4.7.: *REM-Aufnahmen der Replikationen in PMMA mit hohem Molekulargewicht in der Mitte und am Rand des Strukturfeldes sowie mit geringem Molekulargewicht in der Mitte und am Rand des Strukturfeldes (v.l.n.r.). In der Mitte des Strukturfeldes sind die Strukturen in beiden Fällen besser gefüllt. Bei Verwendung des PMMA mit hohem Molekulargewicht werden die Strukturen über der gesamten Fläche unvollständig, jedoch gleichmäßiger befüllt. Bei Verwendung des PMMA mit geringem Molekulargewicht werden die Strukturen in der Mitte bis zur vollen Tiefe befüllt, die Randbereiche dafür am geringsten.*

Zusammenhang zwischen der Formfüllung und dem Molekulargewicht am Beispiel der quaderförmigen Submikrometerstrukturen.

Als Vergleich der Bandbreite kommerzieller Kunststoffe wurde eine Probe der für eine hohe Wärmeformbeständigkeit mit modifizierten mechanischen Eigenschaften im Spritzguss optimierten PMMA-Mischung Plexiglas 8N L22 (Evonik Industries AG) auf das Molekulargewicht untersucht. Das Zahlenmittel der Molmasse von Plexiglas 8N L22 ist mit 45.200 ebenso wie das Gewichtsmittel der Molmasse mit 90.480 etwa um den Faktor Zehn kleiner als PMMA Hesaglas mit einem minimierten Anteil an Fremdstoffen. Da im Falle von Plexiglas 8N L22 zusätzliche Additive in Form von Gleitmittel, einem Zusatz zur Verringerung der Reibung in Kunststoffschmelzen, zugesetzt wurde[Het05] unterscheiden sich kommerziell erhältliche PMMA Varianten nicht nur im Molekulargewicht, sondern auch in den Additiven und Hilfsstoffen, die jeweils die Replikation beeinflussen. Da bereits die geringe Modifizierung der Zusammensetzung in Form des Molekulargewichts reproduzierbar Unterschiede in der Mikro- und Submikrometerreplikation bewirkt, sollte für die Auswahl eines geeigneten Kunststoffes nicht nur die Kunststoffsorte verglichen werden, sondern diese auch hinsichtlich deren Zusammensetzung und Inhaltsstoffe.

Aus den durchgeführten Untersuchungen zeigt sich, dass für kleine Strukturfelder niedermolekulare Kunststoffmischungen zu besseren Abformergebnissen füh-

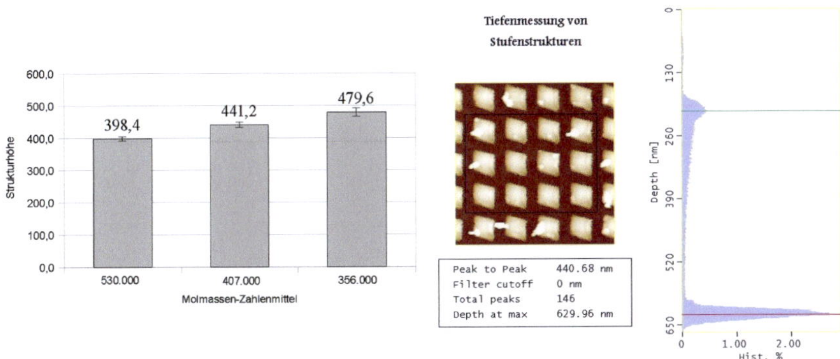

Abb. 4.8.: *Zusammenhang zwischen der Formfüllung von Submikrometerstrukturen und dem Molekulargewicht (links): Ein geringeres Molekulargewicht fördert die Fließfähigkeit und damit die Formfüllung. Beispielhafte Höhenauswertung einer AFM-Messung der Submikrometerstrukturen (rechts).*

ren, für großformatige Strukturfelder im Bereich von mehreren Zentimetern jedoch Kunststoffe mit hohem Molekulargewicht zu gleichmäßigeren Strukturen bis in den Randbereich führen können. Für die Abformung der DWPs im großformatigen Mikrotiterplattenformat und Strukturgrößen im mittleren Mikrometerbereich ist eine bessere Formfüllung mit hochmolekularen Kunststoffmischungen zu erwarten.

4.2.4. Trennmittel in der Mikrotechnik

Als Hilfsmittel zur besseren Entformbarkeit von Bauteilen in der Kunststoffreplikation werden im Spritzguss häufig Trennmittel eingesetzt. Diese Trennmittel bilden eine dünne Schicht auf dem Formeinsatz, führen zu einer Einebnung von Rauheiten und weisen eine geringe Haftung gegenüber Kunststoffen auf[Küb10]. Im Bereich der Mikrotechnik und insbesondere für Strukturen im Submikrometerbereich könnte neben der Einebnung von unerwünschten Rauheiten im Formeinsatz auch eine Einebnung der Strukturen stattfinden. Um eine mögliche Verbesserung der Replikation und die Grenzen der Verwendung von Trennmitteln zu bestimmen, wurden zwölf Trennmittel acht verschiedener Hersteller hinsichtlich minimaler Schichtdicke, Verbesserung der Entformbarkeit sowie einer Schädigung der replizierten Strukturen untersucht.

Für die Ermittlung der minimalen Trennmittelschichtdicke wurden geringe Mengen der Trennmittel an der Kante eines Klebefilms auf eine Glasprobe aufgebracht und unmittelbar nach Auftrag unter Gasdruck mittels Stickstoff ausgedünnt und verteilt. Nach Entfernen des Klebefilms wurde die entstandene Kante der Trennmittelschicht mittels AFM hinsichtlich ihrer Schichtdicke vermessen. Anschließend wurden die Schichten visuell nach Agglomeratbildung und Homogenität unterteilt und in praktischen Versuchen die Reduzierung der Entformkräfte im Heißprägeprozess untersucht.

Die Hauptanforderung an die Trennmittel, die Reduzierung der Entformkräfte, konnte mit allen zwölf Trennmitteln erreicht werden. Diese reduzierten sich von über $500\,N$ [Röh09] auf zwei bis 25 Newton [Kas10]. Aufgrund der minimalen Schichtdicken oberhalb von einhundert Nanometern ist die Anwendung der Trennmittel erst bei Strukturen von mindestens einer Größenordnung darüber sinnvoll, um die Verrundung der Strukturen gering halten zu können. Aufgrund der Veränderung der Geometrie durch die Trennmittelschichten muss eine bekannte Schichtdicke entweder als Vorhalt bereits im Design berücksichtigt oder eine entsprechende Toleranz zugelassen werden. Gravierender wiegt die Verrundung der Strukturkanten. Während die minimale Schichtdicke auf einem glatten Probenkörper einfach erzeugt und nachgewiesen werden konnte, ergibt sich auf strukturierten Formeinsätzen eine ungünstigere Schichtdickenverteilung. Daher sind die getesteten Trennmittel erst bei Strukturgrößen von zehn Mikrometern und darüber sinnvoll einzusetzen.

Neben der Strukturtreue ist eine saubere Oberfläche der Kunststoffbauteile insbesondere für fluidische und optische Anwendungen von Bedeutung. An den Bauteilen sollten daher keine Verunreinigungen durch das Trennmittel verbleiben. Mit Ausnahme eines Trennmittels der Firma GEPOC Polymerchemie hinterließen alle getesteten Trennmittel sichtbare Reste auf den geprägten Bauteilen. Da eine nachträgliche Entfernung dieser Schicht ohne Schädigung der Mikrostrukturen nicht möglich ist, ergeben sich nur in wenigen Teilbereichen Vorteile durch die Verwendung von Trennmitteln. Für optische und fluidische Strukturen sowie Strukturen mit entscheidenden Abmessungen unterhalb von zehn Mikrometern sind physikalische und chemische Beschichtungen als Trennschicht zu bevorzugen. Damit lassen sich Schichtdicken von zehn Nanometer und geringer erzeugen [YS99]. Da deren Anwendung aufwändiger als die Anwendung manuell auftragbarer Trennmittel ist, lohnt sich die Beschichtung erst bei größeren Stückzahlen oder höherpreisigen Bauteilen. Die Messergebnisse der zwölf Trennmittel sind in Tabelle A.3 im Anhang zusammengefasst.

4.2.5. Prozessparameter in der Submikrometerstrukturierung

Um eine hohe Strukturqualität im Heißprägeprozess zu gewährleisten, müssen die Prozessparameter den Strukturen angepasst werden. Für die Replikation von Strukturen mit Mikrometerabmessungen wurden bereits durch Simulation und systematische Versuche Zusammenhänge zwischen Prozessparametern und Bauteileigenschaften nachgewiesen[Wor03]. Für die Erzeugung besonders hydrophober Oberflächen sind aus der Natur Strukturen bekannt, die von ihren Abmessungen im Submikrometerbereich liegen[FLL+02]. Um Zusammenhänge zwischen Prozessparametern und Bauteileigenschaften in dieser Größenordnung ermitteln zu können, wurden systematische Versuche mit Strukturen mit Submikrometerabmessungen mittels Heißprägen durchgeführt und analysiert.

Zur Bestimmung der Zusammenhänge zwischen Prozessparametern und Bauteileigenschaften wurden systematische Prägeversuche nach dem Ansatz der statistischen Versuchsplanung durchgeführt. Die drei wichtigsten Parameter im Heißprägeprozess, Prägetemperatur, Prägekraft und Entformtemperatur, wurden auf jeweils drei Stufen variiert. Jede mögliche Kombination der untersuchten Prozessparameter wurde mit jeweils drei Prägungen durchgeführt, um Wechselwirkungen zwischen den Parametern erfassen und auswerten zu können.

Als Formeinsatz wurde eine $500\,\mu m$ dicke Scheibe mit einem Durchmesser von $92\,mm$ aus Nickel verwendet, die galvanisch auf einer Masterstruktur abgeschieden wurde[RHS+10]. Dieser sogenannte Shim-Formeinsatz wird in der Heißprägeanlage mit einer dafür angepassten Halterung fixiert. Der Shim-Formeinsatz wird durch einen Messingring mit Innendurchmesser von $90\,mm$, der an der Unterseite eine $500\,\mu m$ tiefe Aussparung mit Durchmesser von $92\,mm$ aufweist, auf eine geschliffene Stahlsubstratplatte geschraubt. Durch die Aussparung wird die Position des Shim-Formeinsatzes genau definiert und verhindert undefinierte Bewegungen während des Prägevorgangs. Der Prägestempel und die Halterung des Shims mit ausgerichtetem Halbzeug sind in Abbildung 4.9 veranschaulicht.

Abb. 4.9.: *Versuchsaufbau zur Submikrometerstrukturierung: Ein PC Halbzeug liegt mittig auf dem in der Halterung fixierten Formeinsatz (links) und wird von einem Stempel (rechts) in die Strukturen geprägt.*

Die Teststrukturen des Formeinsatzes bestanden aus Würfeln mit einer Kantenlänge von $500\,nm$. Der strukturierte Bereich im Formeinsatz beschränkt sich auf eine Kreisfläche mit einem Durchmesser von $10\,mm$ in der Mitte des Shim-Formeinsatzes. Jeweils einen Millimeter neben der Kreisfläche wurden zwei gegenüberliegende Kreuze als Markierung im Formeinsatz integriert, die als Referenzpunkte für die Messung dienen. In Abbildung 4.10 ist eine AFM Messung des Formeinsatzes in $3D$-Ansicht dargestellt.

Die Strukturen der replizierten Bauteile wurden mittels optischem Mikroskop und Rasterkraftmikroskop, die äußere Geometrie wurde mittels Bügelmessschraube vermessen. Ausgewertet wurden die Schwindung der Bauteile, das Fließverhalten und die Höhe der replizierten Strukturen. Die Schwindung wurde durch die Vermessung des Abstandes der Referenzkreuze bestimmt, das Fließverhalten wurde durch die Änderung der äußeren Bauteilgeometrie vom Halbzeug zum geprägten Bauteil ermittelt. Hierzu wurden die Halbzeuge vor der Replikation hinsichtlich Dicke und Durchmesser vermessen, ebenso wie die geprägten Bauteile nach der Replikation.

Als Maße zur Auswertung der Formfüllung wurde die Tiefe der abgeformten Strukturen im Formeinsatz mit dem Rasterkraftmikroskop vermessen. Da bei Strukturen im Submikrometerbereich durch die Faltung der AFM-Nadel mit der Probenoberfläche die Geometrie der AFM-Nadel einen Einfluss auf die Messergebnisse

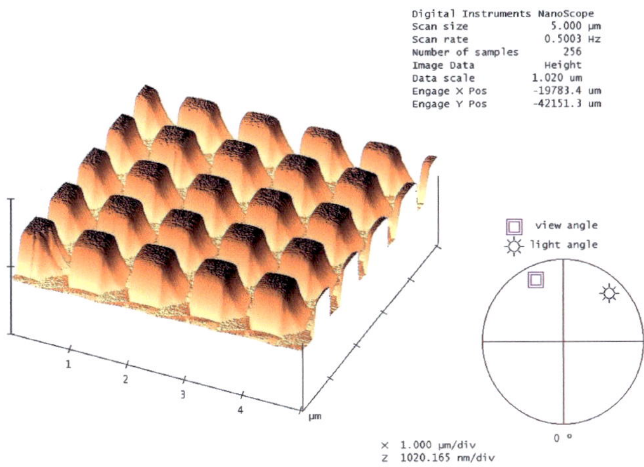

Abb. 4.10.: *Aufnahme mittels Rasterkraftmikroskop des Testformeinsatzes. Die Kantenlänge der würfelförmigen Strukturen beträgt 500 nm. Die Seitenwände der Strukturen in der Aufnahme spiegeln die Winkelgeometrie der AFM-Nadel während des Scans wider.*

hat, wurden unterschiedliche Nadelgeometrien verglichen. Daher musste eine mittels FIB (Focussed Ion Beam) präparierte AFM-Nadel vom Typ FIB2-100 der Firma Nanosensors eingesetzt werden, die bei der Vermessung eine 400 μm Scanlinie der 500 μm breiten Bodenfläche zwischen den Stegen erfassen konnte.

Für die Versuche wurde ein gängiger Spritzgusstyp Makrolon LED 2045 des Kunststoffes Polycarbonat (PC) mit einer Glasübergangstemperatur von 145 °C gewählt, um eine Vergleichbarkeit zu spritzgegossenen Strukturen zu ermöglichen. Die Versuche wurden mit runden Halbzeugen der Dicke von 500 μm und einem Durchmesser von 50 mm durchgeführt, die nach Kapitel 4.2.1 mittels Heißprägen aus Granulat hergestellt und für die Abformung mittig zur strukturierten Fläche positioniert wurden. Neben den drei für die Untersuchung variierten Prozessparametern wurden die verbleibenden Parameter während allen Prägeversuchen konstant gleich gehalten. Als Starttemperatur wurden alle Versuche bei 50 °C durchgeführt und mit einer Haltezeit der Prägekraft von 60 Sekunden. Die Prägegeschwindigkeit betrug 1 mm/min und die Entformgeschwindigkeit 0,5 mm/min. Eine Übersicht der un-

Statistische Versuchsplanung	**Variierte Parameterwerte**		
Prozessparameter	**minimal**	**mittel**	**maximal**
Prägetemperatur	$150\,°C$	$170\,°C$	$190\,°C$
Prägekraft	$25\,kN$	$50\,kN$	$75\,kN$
Entformtemperatur	$100\,°C$	$120\,°C$	$140\,°C$
Konstante Prozessparameter			
Starttemperatur	$50\,°C$		
Haltezeit	$60\,Sekunden$		
Prägegeschwindigkeit	$1\,mm/min$		
Entformgeschwindigkeit	$0,5\,mm/min$		

Tab. 4.3.: *Prozessparameter zur Bestimmung des optimalen Prägeprozesses für die Submikrometerstrukturierung. Um reproduzierbare Ergebnisse erzielen zu können, müssen auch die nicht variierten Parameter und Einflussfaktoren spezifiziert werden.*

tersuchten Prozessparameter sowie der festgelegten Parameter sind in Tabelle 4.3 aufgelistet.

In Abbildung 4.11 sind eine REM-Aufnahme eines geprägten Bauteils sowie die Auswertung der Strukturhöhe durch eine AFM-Messung mit Stufenermittlung gezeigt. Die Stufenhöhe wurde über ein Messfeld von $6\,\mu m * 6\,\mu m$ Fläche über 25 Einzelstrukturen durchgeführt. Anhand der Häufigkeitsverteilung der Bildpunkte im Strukturbereich können die beiden Plateaus am Grund der Sacklöcher sowie an der Oberseite der Stege ermittelt werden. Die Höhendifferenz der beiden Plateaus wird als Höhe der abgeprägten Struktur verwendet, um einzelne Spitzen und Ausreißer nicht in die Auswertung einzubeziehen.

Aus der Auswertung nach Haupteinflussfaktoren können die Prozessparameter hinsichtlich ihrer Wichtigkeit für den Replikationsprozess bewertet werden. Die Abbildungen 4.12 und 4.13 zeigen beispielhaft die Einflussdiagramme der drei untersuchten Prozessparameter bezüglich der Strukturhöhe sowie die Anteile der Prozessparameter hinsichtlich des Markerabstands und der Bauteildicke in Pareto-Charts. Die Haupteinflussdiagramme und Paretocharts für alle Systemantworten sind in Anhang A.4 dargestellt.

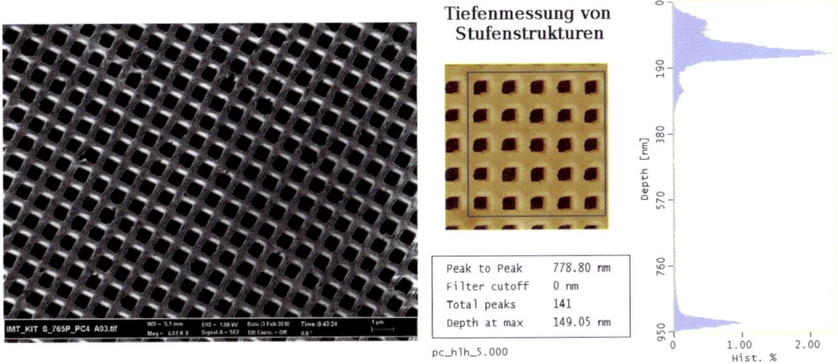

Abb. 4.11.: *REM-Aufnahme des Submikrometer-Gitters abgeformt in Polycarbonat (links) und Auswertung der Strukturhöhen in einem Strukturfeld von $6\,\mu m * 6\,\mu m$ einer AFM-Messung (rechts)*

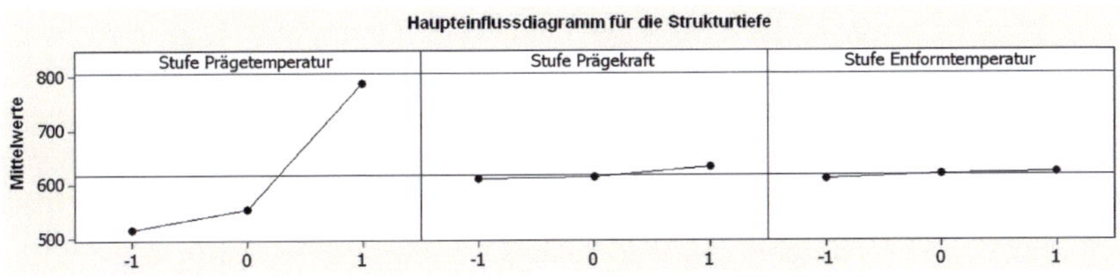

Abb. 4.12.: *Darstellung der Einflussfaktoren Prägetemperatur (links), Prägekraft (mitte) und Entformtemperatur (rechts) auf die Strukturtiefe. Der mit Abstand größte Einfluss kann der Prägetemperatur zugeordnet werden, wohingegen die Entformtemperatur nahezu keinen Einfluss erkennen lässt.*

Die Bauteildicke, Bauteildurchmesser, der Markerabstand und die Strukturtiefe werden alle jeweils maßgeblich von der Prägetemperatur beeinflusst, was auf der temperaturabhängigen Thermoplastviskosität beruht. Für die Replikationsgüte und Formfüllung im Bereich der Submikrometerstrukturierung ist besonders der Zusammenhang zwischen den Prozessparametern und der Tiefe der Submikrometerstrukturen von Bedeutung. Da die Prägetemperatur auch auf die Strukturhöhe einen sehr hohen Einfluss aufweist, wird der Einfluss der verbleibenden Parameter Prägekraft und Entformtemperatur überlagert. Diese zeigen nur einen geringen Einfluss auf die Strukturhöhe, der in der Größenordnung der Messschwankungen

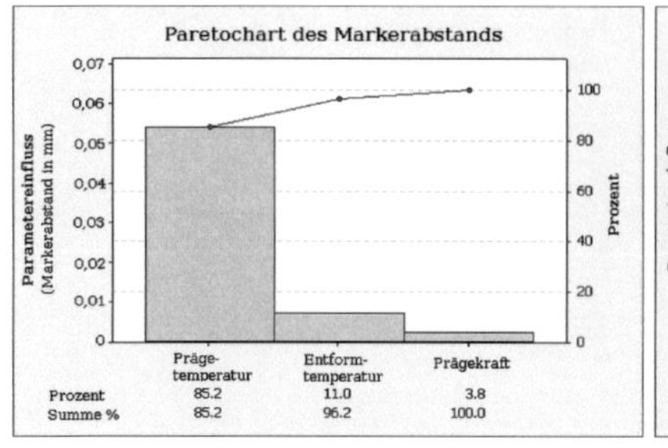

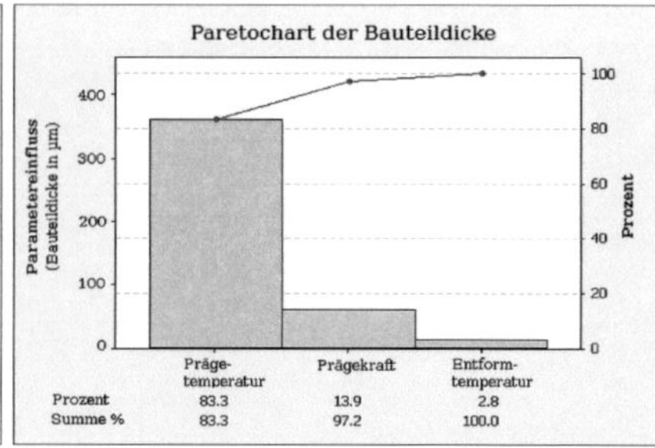

Abb. 4.13.: *Pareto-Charts der verschiedenen Prozessparameter und deren Einfluss auf den Markerabstand (links) und die Bauteildicke (rechts). Den größten Einflussanteil zeigt in beiden Fällen die Prägetemperatur.*

von $20\,nm$ untergeht und nicht statistisch relevant ist. Die Strukturhöhe variiert zwischen $350\,nm$, was auf eine unvollständige Formfüllung zurückzuführen ist, bis zu $885\,nm$. Damit weist das abgeformte Bauteil eine um bis zu 77 % größere Strukturhöhe auf als der Formeinsatz.

Um auch einen Vergleich mit teilkristallinen Kunststoffen zu erhalten, wurde die statistische Versuchsplanung mit Polypropylen (PP, Moplen HP500N, LyondellBasell) durchgeführt und die Prozessparameter auf jeweils zwei Stufen variiert. Die Ergebnisse zur Restschichtdicke und zum Markerabstand wurden durch diese Versuche bestätigt und führten zur identischen Reihenfolge der Einflussgewichtung. Auch die Reihenfolge der Gewichtung für den Einfluss der Strukturhöhe wurde mit dem teilkristallinen Material bestätigt, allerdings konnte bei hohen Temperaturen keine Strukturüberhöhung festgestellt werden. Die maximale Strukturhöhe der Replikation in PP entspricht im Rahmen der Messungenauigkeit mit $512\,nm$ der Strukturhöhe des Formeinsatzes. Die in den Versuchen mit PC ermittelte Strukturüberhöhung ist somit nicht nur eine Folge der Prozessparameter, sondern ist darüber hinaus materialspezifisch. Vergleichbare Strukturüberhöhungen konnten auch in einer kommerziell erhältlichen, gegossenen PC Folie (Lexan, SABIC) beobachtet werden[Vor09], eine entsprechende Strukturüberhöhung in PMMA (Hesaglas, Topacryl) konnte jedoch nicht nachgestellt werden.

Um die Ursache der Strukturüberhöhung feststellen zu können, wurde ein heißgeprägtes Bauteil mit überhöhten Strukturen mittels Focussed Ion Beam (FIB) präpariert. Dabei wird ein fokussierter Ionenstrahl auf die Probenoberfläche geschossen und verdampft die Probe lokal im Bereich des Strahldurchmessers von unter zehn Nanometern. Durch die Strahlintensität kann die Tiefe des Materialabtrags eingestellt werden, so dass ein eng begrenzter Strukturbereich verdampft wird. Mit einer zur senkrechten Aufsicht geneigten REM Aufnahme kann anschließend eine Seitenansicht der Strukturen gewonnen werden. Abbildung 4.14 zeigt solche REM Aufnahmen unter 30° Neigung der mittels FIB präparierten Stellen. Eine mögliche Ursache für die Strukturüberhöhung, ein Haftenbleiben im Formeinsatz bei der Entformung mit einem damit verbundenen Ziehen und Einschnüren der Strukturen, wurde durch diese Aufnahmen und durch den vernachlässigbaren Einfluss des Parameters Entformtemperatur widerlegt. Die Stege sind auch nach der Entformung, einer Temperung und lokalen Erwärmung durch den FIB-Schnitt und die REM-Aufnahme überhöht und weisen keine Einschnürung auf. Um auszuschließen, dass die Strukturen durch eine Aufwärmung infolge der FIB-Präparation und REM-Aufnahme retardieren konnten, wurden die Bereiche der FIB-Präparation erneut mit dem AFM vermessen; die Strukturüberhöhung bleibt weiterhin messbar.

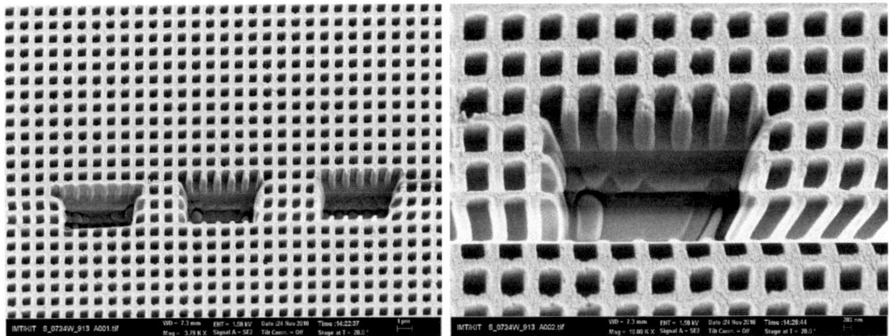

Abb. 4.14.: *Unter 30° geneigte REM-Aufnahme von drei FIB-Schnitten durch eine überhöhte Prägung der Teststruktur (links) und eine Detailaufnahme der mittleren FIB-Präparation (rechts).*

Die Strukturüberhöhung konnte nicht bei PMMA und PP beobachtet werden. Der für die Versuche eingesetzte Typ Makrolon LED 2045 ist eine für den Spritzguss optimierte Zusammensetzung mit hohen Transmissionsraten sowie einer niedrigen Schmelzeviskosität. Die genaue Ursache einer solchen Strukturüberhöhung bei Bauteilen mit Abmessungen im Submikrometerbereich konnte bisher noch nicht geklärt werden. Da die Strukturüberhöhung überwiegend durch die Prägetemperatur beeinflusst wird, nicht jedoch von der Prägekraft und Entformtemperatur, spielen Effekte wie Kompressibilität und ein Überziehen während dem Entformvorgang eine untergeordnete Rolle. Es wird angenommen, dass höhere Temperaturen eine Entschlaufung der Moleküle begünstigen, die aufgrund des stark gerichteten Kraftflusses im Heißprägen nach dem Kraftabbau wieder parallel der Kraftrichtung entspannt werden. Die Strukturüberhöhung um bis zu $400\,nm$ im Vergleich zur um drei Größenordnungen dickeren Restschicht würde sich insbesondere ergeben, wenn dem zur Herstellung von DVDs optimierten Kunststoff elastische Anteile mit abweichendem Temperaturverhalten zugefügt wurden, die sich während dem Entformvorgang in Richtung des Kraftflusses entspannen.

Diese Strukturüberhöhung kann dazu genutzt werden, um tiefere Strukturen zum Einschließen eines Luftpolsters unter der Flüssigkeit zu erzeugen. Daher sind diese hohen Prägetemperaturen zur Erzeugung superhydrophober Strukturen sogar vorteilhaft. Um eine definierte Maßhaltigkeit während der Replikation zu erreichen, gelten die für das Heißprägen von Mikrostrukturen ermittelten Zusammenhänge bei der Replikation von Submikrometerstrukturen nicht mehr. Da die Homogenität des Kunststoffes sowie dessen Zusammensetzung im Vergleich zur Mikrostrukturierung eine weitaus größere Bedeutung hat, konnte nachgewiesen werden, dass hinsichtlich der Maßhaltigkeit geringere Prägetemperaturen als für die Mikrostrukturierung zu besseren Ergebnissen führen.

4.3. Bewertung der Benetzbarkeit

Anhand der Erkenntnisse zur Optimierung der Mikro- und Submikrometerstrukturierung wurden Versuche zur Minimierung der Benetzbarkeit durchgeführt. Hierfür wurden quaderförmige Strukturen mit Abmessungen im zweistelligen Mikrometerbereich sowie im Submikrometerbereich abgeformt und anschließend hinsichtlich ihres Benetzungsverhaltens untersucht. Als Mikrostrukturen wurden Quader mit einer Kantenlänge von $17\,\mu m$ und einer Höhe von $25\,\mu m$ bei einem vierseitigen Ab-

Kunststoff		Benetzung-Mikro			Benetzung-Nano		
Typ	**Bezeichnung**	**statisch**	**fort.**	**rück.**	**statisch**	**fort.**	**rück.**
PE	Lupolen1800	154°	154°	146°	100°	104°	98°
SAN	NAS 30	108°	124°	92°	99°	106°	74°
PS	PS 158 K	145°	152°	126°	111°	121°	82°
PMMA	Hesaglas	122°	129°	107°	119°	128°	62°
COC	Topas 6013	151°	154°	132°	106°	115°	73°
PP	Moplen 500N	148°	148°	147°	134°	145°	104°
PC	Lexan 101	129°	136°	118°	115°	124°	71°
Legende:	fort.: fortschreitend, rück.: rückschreitend						

Tab. 4.4.: *Mittlere Benetzungswinkel von mikrostrukturierten Thermoplasten. Die maximale Standardabweichung liegt unter 4°. Die geringeren Kontaktwinkel für die Submikrometerstrukturierung leiten sich von stärker verrundeten Strukturen und dem damit verbundenen Benetzen des Strukturgrunds ab.*

stand von $8\,\mu m$ verwendet. Als Submikrometerstruktur diente ein Formeinsatz mit Gittern der Kantenlänge von $400\,nm$ und einer Höhe von $550\,nm$ bei einem Abstand von $800\,nm$. Tabelle 4.4 zeigt die Benetzungseigenschaften der strukturierten Proben in sieben ausgewählten Kunststoffen.

Die höhere Benetzbarkeit der Submikrometerstrukturen im Vergleich zur Mikrostrukturierung ist vor allem auf die weniger scharfkantig ausgeprägten, verrundeten Submikrometerstrukturen zurückzuführen. Bei verrundeten Strukturen kann die Flüssigkeit über die Kante an den Seitenwänden entlang fließen, während scharfe Kanten eine Begrenzung darstellen, an der sich ein Luftpolster unter dem Tropfen ausbilden kann[Ham11]. Dies lässt sich besonders anhand der geringen rückschreitenden Kontaktwinkel der nanostrukturierten Oberfläche erkennen. Die Flüssigkeit hat in diesem Fall die Zwischenräume benetzt, wodurch die Struktur nach Wenzel zu einer Erhöhung der Benetzbarkeit führt. Da bei der Kontaktwinkeluntersuchung Tropfengrößen von einem halben Mikroliter verwendet wurden, um Verfälschungen durch die Tropfenverdunstung zu minimieren, spielt außerdem die Größenordnung des Tropfens und dessen Gewicht eine Rolle. Bei vergleichsweise großen Tropfen wird die geringe Strukturtiefe der Submikrometerstrukturierung überwunden und verhindert das Ausbilden des Luftpolsters[DR08].

Um im Falle der DWPs eine möglichst geringe Oberflächenbenetzung durch Heißprägen zu erhalten, ist es daher nicht sinnvoll eine möglichst kleine Strukturierung einzusetzen, sondern eine Mikrostruktur, die mit scharfen Kanten hergestellt werden kann. Für die in DWPs auftretenden Tropfen aus der Düse mit einem Durchmesser von 100 Mikrometer werden mit Strukturierungen zwischen einem bis zehn Mikrometern die geringsten Benetzbarkeiten durch Heißprägen erreicht.

Nach Gleichung 4.3 spielt die Größenordnung der Strukturen keine Rolle, der Kontaktwinkel erhöht sich jedoch bei einem größeren Anteil der tieferliegenden Strukturebene, also einem größeren Luftpolster unter dem Flüssigkeitstropfen. Mit der Gleichung kann jedoch nicht beschrieben werden, bis zu welchem Verhältnis der Strukturflächen erhabener Bereiche zum Abstand zwischen den einzelnen Strukturelementen ein Aufliegen des Tropfens gewährleistet wird und welche Strukturgeometrien erforderlich sind. Eine Oberflächenstrukturierung, die aus einzelnen Nadelspitzen besteht, sollte theoretisch einen Kontaktwinkel von 180° ermöglichen.

Um eine Oberfläche mit nadelförmigen Strukturen herzustellen, wurde ein modifiziertes Heißprägeverfahren verwendet, bei dem das Werkzeug bei erhöhter Temperatur im flüssigen Zustand der Schmelze geöffnet wird. Da der Kunststoff in den Kavitäten des Formeinsatzes haftet, erfolgt ein Langziehen des Kunststoffes während der Öffnungsbewegung. Abbildung 4.15 zeigt mit diesem Verfahren hergestellte Nadeln in Polycarbonat und das Benetzungsverhalten der Struktur. Durch die dünne, unregelmäßige Auflagefläche dringen die Nadeln in den Tropfen ein, so dass der Tropfen bis zum Boden der Struktur benetzt.

Daher wurden weniger spitz zulaufende, nadelförmige Strukturen hinsichtlich der Benetzbarkeit untersucht. Abbildung 4.16 zeigt Strukturen in dem intrinsisch hydrophilen Kunststoff PSU, die mit dem Heißziehverfahren hergestellt wurden. Während mittels konventionellem Heißprägen in nur wenigen hydrophilen Kunststoffen superhydrophobe Oberflächen erzeugt werden konnten, also Oberflächen, die einen Benetzungskontaktwinkel von über 150° aufweisen, kann der Kontaktwinkel durch das Ziehen von nadelförmigen Strukturen nochmals erhöht werden.

Die geringe Benetzbarkeit durch die Ausbildung eines großen Kontaktwinkels ist eine Voraussetzung, um ein Anhaften der Tropfen an der Bauteilunterseite von

Abb. 4.15.: *Heißgezogene Fäden auf einem Plateau (links) und das zugehörige Benetzungsverhalten der nadelförmigen Kunststoffstrukturen (rechts). Durch die hohen Aspektverhältnisse der Struktur an der Nadelspitze dringt die Nadel in den Tropfen ein und verhindert das Ausbilden eines Luftpolsters unter dem Tropfen. Der Tropfen ergibt zwar dennoch einen Kontaktwinkel im hydrophoben Bereich, haftet jedoch auch über Kopf an der Oberfläche.*

DWPs zu verhindern. Ein großer Kontaktwinkel ist jedoch noch kein ausreichendes Kriterium dafür. Dies konnte anhand dieses mikrostrukurierten Bauteils aus PSU gezeigt werden. Bei der Benetzung mit einem Wassertropfen bildete sich zwar ein Kontaktwinkel von 162° aus, nach dem Umdrehen des Bauteils blieb der Wassertropfen jedoch an dem Bauteil hängen. Dieser Effekt ist darauf zurückzuführen, dass eine Ausbreitung des Tropfens durch die pinförmigen Strukturen zwar behindert wird, in den bereits benetzten Bereichen breitet sich der Wassertropfen jedoch bis zum Bauteilboden aus. Aufgrund der hydrophilen Materialeigenschaften wird der Tropfen anschließend selbst über Kopf an der Bauteilunterseite gehalten. Dieser Effekt wurde am Beispiel der Rosenblüte auf natürlichen Oberflächen beobachtet und als Rose-Petal-Effekt bereits technisch umgesetzt[BN10]. Für die Haftung der Tropfen spielt neben dem Materialanteil der Oberfläche somit auch der Abstand zwischen den Strukturen eine wichtige Rolle[BH10].

Abhilfe konnte hierbei durch eine Krümmung der pinförmigen Strukturen geschaffen werden. Durch eine Relativbewegung des Formeinsatzes während dem Entformvorgang oder durch eine gerichtete mechanische Belastung der Strukturen nach der Erzeugung lässt sich die vertikale Ausrichtung der Nadeln verändern, so dass der Tropfen nicht mehr daran vorbei bis zum Strukturgrund fließen kann. Abbildung 4.16 zeigt zwei Aufnahmen dieser Strukturen in PSU. Durch die Krümmung der Strukturen bildet sich unter und zwischen den gebogenen Pins ein Luftpolster aus, das nicht von dem aufliegenden Tropfen verdrängt werden kann. Bei einer Drehung des Bauteils rollt der Tropfen daher zur Seite und fällt ab. Die Benetzbarkeit an der Oberseite erhöhte sich durch die Krümmung um weniger als zehn Grad. Weitere mechanische Belastungen führen jedoch zu einem Anliegen der Pins an die Oberfläche, was eine starke Reduzierung des Kontaktwinkels auf unter $100°$ bewirkt. Für technische Bauteile wie die DWPs sind pinförmige Strukturen für den täglichen Einsatz damit nicht umsetzbar.

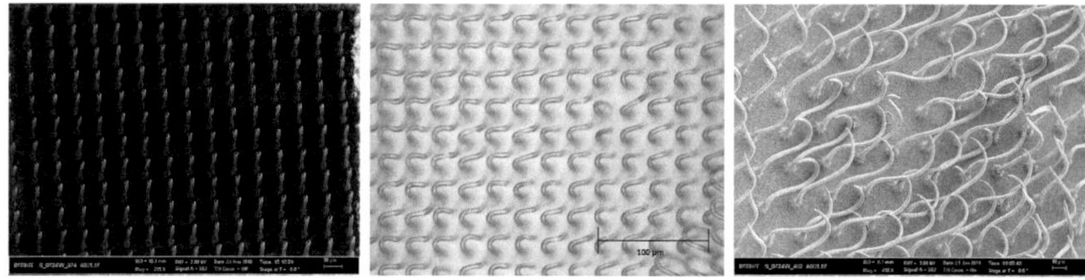

Abb. 4.16.: *Faserartige Oberflächenstruktur von PSU hergestellt durch Heißziehen. Nach der Abformung werden senkrechte Pins erhalten (links), die eine superhydrophobe Oberfläche erzeugen. Die Ausbildung eines Luftpolsters wird jedoch erst durch mechanisches Kippen der Pins gewährleistet. In der Mitte ist eine optische Mikroskopaufnahme von verdrehten Pins gezeigt, die superhydrophob wirken. Rechts ist eine REM-Aufnahme von mechanisch verkippten Pins zu sehen, die ungleichmäßig ausgerichtet sind und dennoch superhydrophob wirken.*

Nach Tabelle 4.4 konnten auch durch Oberflächenstrukturierung mit Aspektverhältnissen unter zwei superhydrophobe Oberflächen in Kunststoffen erzeugt werden. Mit Ausnahme von SAN weisen alle untersuchten Kunststoffe nach der Mikrostrukturierung stark hydrophobe Eigenschaften mit Kontaktwinkeln oberhalb von $120°$ auf. Abbildung 4.17 zeigt eine mikrostrukturierte superhydrophobe Oberfläche in COC und die dazugehörige Benetzung mit Wasser mit einem Kontaktwinkel von $151°$. Bereits hydrophobe Oberflächen, wie PTFE (Teflon) oder FEP, erhalten durch die Oberflächenstrukturierung sogar Kontaktwinkel von 170°. Ein Beispiel hierfür von mikrostrukturiertem FEP ist in Abbildung 4.18 dargestellt.

Abb. 4.17.: *Durch Mikrostrukturierung erzeugte Superhydrophobie in COC (Topas 6013): Eine schematische Darstellung zum Ausbilden des Luftpolsters unter dem Tropfen (links) und die Benetzbarkeit mit Wasser der strukturierten COC Probe (rechts).*

Anhand unterschiedlicher Vorbehandlungen und Strukturierungen im Mikro- und Submikrometermaßstab sowie verschiedener Strukturgeometrien konnte die Benetzbarkeit bis zu 100 Grad gesteuert werden. Für die Anwendung in DWPs mit möglichst geringer Benetzbarkeit eignen sich aufgrund der alltäglichen Beanspruchung nur geprägte Oberflächenstrukturierungen, die auch massentauglich herstellbar sind. Daher werden geprägte Gitterstrukturen in der Größenordnung von einem bis zwanzig Mikrometern bevorzugt.

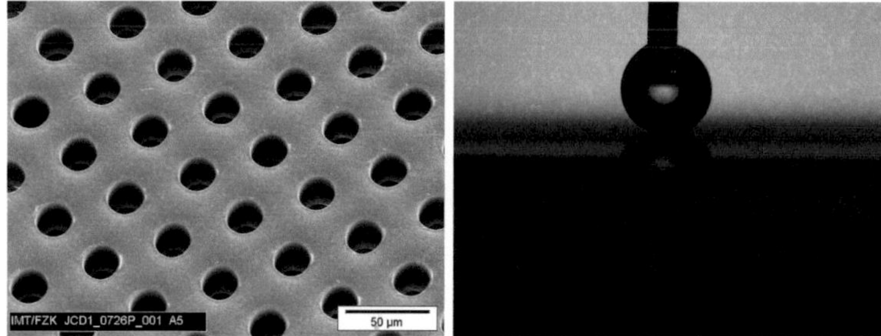

Abb. 4.18.: *Mikrostrukturierte Oberfläche in FEP: 100 μm tiefe Sacklöcher mit einem Durchmesser von 20 μm (links). Die Oberfläche zeigte superhydrophobe Benetzung mit einem Wasser-Kontaktwinkel von 170°. Da der Tropfen bereits bei der geringsten Neigung von der Oberfläche rollte, konnte eine Aufnahme nur durchgeführt werden, solange die Nadel in dem Tropfen verblieb.*

5. Erzeugung von Durchlöchern mittels Heißprägen

Typische heißgeprägte Bauteile bestehen aus einer $200\,\mu m$ bis 5 Millimeter dicken Kunststoffschicht, die einseitig mikrostrukturiert ist. Für fluidische Anwendungen müssen der Zulauf und Ablauf seitlich oder nach oben integriert und das Bauteil dazu nachbearbeitet werden. Um eine Vielzahl an Strukturen parallel nutzen zu können, ist es jedoch oft von Vorteil, die Strukturen auch von unten kontaktieren zu können. Im Falle der Dosierung mittels DWP ist der Ablauf durch die Düse nach unten durch das Bauteil vorgesehen[KSBZ04], wofür durchgehende Öffnungen durch das Bauteil benötigt werden. Da sich im Heißprägeprozess jedoch immer eine Restschicht ausbildet, muss der Prozess so erweitert werden, dass das typische Ausbilden der durchgehenden Restschicht überwunden werden kann.

5.1. Prozessmodifikationen

Durch die Herstellung von Kunststoffbauteilen mittels Heißprägen entsteht zwischen dem Formeinsatz und der Substratplatte ein aus dem Halbzeug umgeformtes, dünnes Kunststoffbauteil, das einen durchgehenden Materialzusammenhalt von der Oberseite zur Unterseite, sowie von einem lateralen Ende des Bauteils zum anderen lateralen Ende des Bauteils aufweist. Zwischen Formeinsatz und Substratplatte wird die Polymerschmelze unter Druck zusammengedrückt; damit durchgehende Öffnungen entstehen können, muss der Kunststoff aus diesen Bereichen vollständig entfernt werden.

Im Falle der DWPs wird hierfür ein Pin abgeformt, der die inverse Form der Düse der DWPs aufweist. Die Spitze des Pins hat einen Durchmesser von $100\,\mu m$ und der Fuß des Pins einen Durchmesser von $300\,\mu m$ bei einer Höhe von einem Millimeter. Abbildung 5.1 zeigt eine Mikroskopaufnahme eines Pins des Formeinsatzes zum Herstellen der DWPs.

Abb. 5.1.: *Mikroskopaufnahme eines Pins im Formeinsatz für die DWPs, der mittels Nickelgalvanik hergestellt wurde. Die Pinspitze weist einen Durchmesser von $100\,\mu m$ auf und der Pin hat eine Höhe von einen Millimeter.*

Für die Erzeugung von Durchlochstrukturen im Heißprägeprozess wurden verschiedene Kombinationen aus Formeinsatz und Substratplatte mit unterschiedlichen Härten und Schichtaufbauten untersucht und hinsichtlich der Eignung für DWPs bewertet.

- Metallische Substrate mit höherer Härte als der Formeinsatz

- Gleiche Materialpaarung des Substrates und des Formeinsatzes

- Metallische Substrate mit geringerer Härte als der Formeinsatz

- Nichtmetallische Substrate geringer Härte

- Mehrschichtiger Aufbau des Substrates mit harter Oberfläche auf weicher Unterlage

- Mehrschichtiger Aufbau des Substrates mit weicher Oberfläche auf harter Unterlage

- Polymere Substrate mit geringerer Härte als der Formeinsatz

5.1.1. Metallsubstrate zur Durchlocherzeugung

Harte Substrate bieten einen hohen Widerstand gegen die Polymerschmelze, so dass Kraft und Temperatur kontinuierlich erhöht werden können, ohne dass die Bauteile Verformungen aufweisen oder die Substratplatte Schaden nimmt. Trotz solch hoher Kräfte und hoher Prägetemperaturen, dass die Polymerschmelze aus dem Prägespalt nach außen fließt und kein Druckaufbau zum Füllen der Kavitäten aufgebracht werden kann, kann an den Pinspitzen eine fünf bis 50 Mikrometer dicke Schicht des Polymers nicht weiter verdrängt werden. Durch die hohen Prägekräfte konnte eine plastische Verformung des Formeinsatzmaterials an den Pinstrukturen nachgewiesen werden, noch bevor erste Durchlöcher entstanden sind.

Treten die Oberflächen des Formeinsatzes und der Substratplatte in Kontakt, so werden Teile des Kunststoffes in Hohlräumen eingeschlossen, die durch die Rauheit entstehen, die jede technische Oberfläche aufweist. Bei hoher Oberflächenqualität können diese Hohlräume vergleichsweise klein gehalten werden und können Durchmesser von lediglich Zehn bis Hundert Nanometer aufweisen, da diese jedoch immer noch zwei Größenordnungen über den entscheidenden molekularen Abmessungen liegen, kann eine Verdrängung des Polymers aus den Hohlräumen nicht mehr erreicht werden. Nur eine hohe Flächenpressung und eine geringe Viskosität der Schmelze reichen nicht aus, um die Moleküle zwischen zwei technischen Oberflächen zu entfernen. Dies wäre vergleichbar mit einem Pin, der gegen eine Oberfläche ins Wasser presst und dadurch eine trockene Oberfläche hinterlässt. Um dennoch Durchlöcher zu erzeugen, muss auf alternative Prinzipien zurückgegriffen werden.

Eine metallische Substratplatte mit geringerer Härte als der Formeinsatz, beispielsweise Messing, ermöglicht ein Eintauchen der Pins des Formeinsatzes in das Substrat. Zwar bleibt eine dünne Restschicht zwischen der Pinspitze und der Versenkung im Substrat, die Restschicht wird jedoch an der Kante der Vertiefung von der Spitze abgeschnitten, so dass sich definierte Durchlöcher erzeugen lassen. Dies ist vergleichbar mit einem Stanzprozess. Da der Rand des Durchloches bei einer polierten Messingsubstratplatte maßgeblich von der Geometrie des Pins abhängt, können scharfe Kanten erzeugt und gleichmäßig Durchlöcher geprägt werden. Für die Herstellung eines einzelnen Prototyps lassen sich durch die Verwendung einer polierten Messingsubstratplatte präzise Durchlöcher herstellen[Meh07].

Nach der Prägung wird ein Eindruck in der Messingplatte hinterlassen, der weitere Prägungen von Durchlöchern verhindert. Durch die laterale Wiederholgenauigkeit der Prägung je nach Anlage von mehreren Mikrometern bis zu $20\,\mu m$ überlappt der Eindruck der nachfolgenden Prägung den vorherigen Eindruck[Lan10], so dass an den Überlappungsbereichen der Kunststoff nicht mehr durchtrennt wird und in der Öffnung verbleibt. Wenn mehrere Teile hergestellt werden sollen, muss daher entweder die Substratplatte nach jeder Prägung gegen eine neue polierte Platte ausgetauscht werden oder auf alternative Substrate zurückgegriffen werden.

5.1.2. Polymersubstrate und Mehrschichtsysteme

Um eine möglichst dünne Restschicht zu erhalten, wird eine gerichtete, kontinuierliche Verdrängung beispielsweise durch keilförmige Formeinsatzspitzen oder von der Mitte heraus nach außen durch parabelförmige Pin-Profile benötigt, die nach dem ersten Kontakt eine ebene Berührungsfläche ausbilden. Dies ist mit metallischen, starren Formeinsätzen und Substratplatten jedoch nicht möglich, da nach Eintreten des Kontaktes zwischen den höchsten Punkten des Formeinsatzes und der Substratplatte durch den Formschluss nur noch durch plastische Verformung der Metalle weitere Verdrängung möglich ist.

Bei der Verwendung weicher Substrate wie Silikon muss die Prägekraft gering gehalten werden, um ein Nachgeben der Substratplatte zu minimieren, das in einer Verformung des geprägten Bauteils resultiert. Um dennoch eine ausreichende Formfüllung zu gewährleisten und das Polymer an den Pins verdrängen zu können, werden vergleichsweise hohe Prägetemperaturen verwendet, die für eine geringe Viskosität des Kunststoffes sorgen. Durch die Flexibilität des Silikons können leichte Unebenheiten der Pinspitze ausgeglichen werden. Mit diesem Aufbau lassen sich einzelne Risse und undefinierte Löcher in der dünnen Restschicht erzeugen, jedoch nicht in der durch den Pin vorgegenen Form. Außerdem kann durch die starke Begrenzung der Prägekraft der Schwindung des Bauteils nicht ausreichend entgegengewirkt werden, so dass die hergestellten Bauteile Einfallstellen aufweisen.

Eine Verbesserung sollte bewirkt werden, wenn die Silikonschicht sehr dünn gewählt wird und auf einer harten Unterlage liegt. Durch die Flexibilität des Silikons wird weiterhin ein Ausgleich der Unebenheiten bewirkt und die Verformung des

Bauteils wird durch die Foliendicke begrenzt. Nachteilig wirkt sich die dünne Folie jedoch dadurch aus, dass sie unter Last einreißt, was eine reproduzierbare Durchlochbildung verhindert. Die umgekehrte Kombination einer harten Folie auf einer weichen Unterlage zeigte ebenfalls keine Verbesserungen. Vergleichbar den metallischen Unterlagen kann kein Ausgleich der Unebenheiten stattfinden, so dass sich die Restschicht nicht verdrängen lässt. Diese Kombinationen sind für die Durchlocherzeugung daher nicht geeignet.

Neben den verschiedenen metallischen, den weichen nichtmetallischen Substraten und den mehrschichtigen Unterlagen wurde auch die Verwendung von Thermoplasten als Substrat untersucht. Sie liegen in der Härte zwischen dem weichen Silikon und dem harten Formeinsatz, wodurch die Durchlocherzeugung auf Basis von thermoplastischen Polymeren nur aufgrund der Härteunterschiede keine weiteren Verbesserungen verspricht. Dennoch konnten Durchlöcher mit verschiedenen Kombinationen reproduzierbar hergestellt werden. Die Durchlochherstellung mit thermoplastischen Substraten basiert nicht auf der vollständigen Verdrängung der Restschicht, sondern auf einer Haftung des umzuformenden Thermoplasten an dem thermoplastischen Substrat. Die Restschicht wird im Bereich des Pins durch den Prägeschritt auf einige Mikrometer bis $20\,\mu m$ verdünnt, während dem Entformen haftet das Bauteil anschließend an dem thermoplastischen Substrat. Die verbleibende dünne Restschicht im Bereich der Pins haftet während dem Ablösen des Bauteils von der Substratplatte so stark an der thermoplastischen Unterlage, dass aufgrund der Kerbwirkung am Grund der Pinprägung ein Verlust des Materialzusammenhalts erreicht wird und Durchlöcher entstehen.

Die Erzeugung der Durchlöcher basiert wie im Falle der Verwendung eines Messingsubstrates auf dem mechanischen Durchtrennen der dünnen Restschicht an der Strukturkante. Abbildung 5.2 veranschaulicht dieses Prinzip, indem ein schwarzes Polystyrolbauteil auf einem transparenten PMMA Substrat geprägt wurde. Die verbliebene dünne Restschicht im Bereich der Durchlöcher bleibt am PMMA-Substrat haften und ist als schwarze Flecken darauf zu erkennen.

Die Herstellung von Durchlöchern alleine auf der Basis der vollständigen Verdrängung der Restschicht ist physikalisch nicht möglich. Die Restschicht kann jedoch soweit ausgedünnt werden, dass eine Haftung zwischen Substrat und Bauteil ausreicht, die dünne Restschicht aus dem geprägten Bauteil zu lösen.

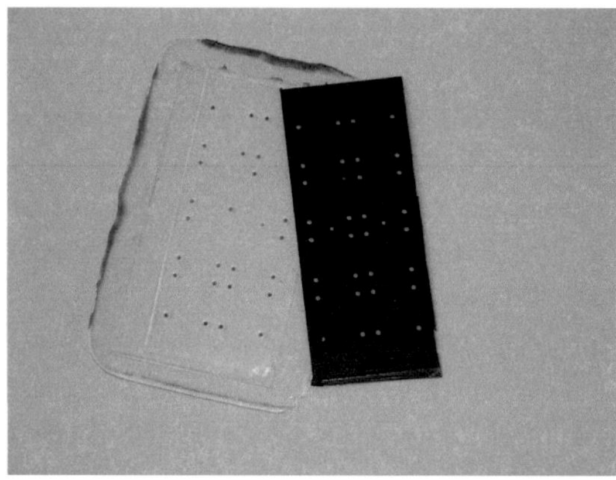

Abb. 5.2.: *Heißgeprägte Durchlöcher in einem Kunststoff-Zweischichtsystem aus schwarzem PS auf transparentem PMMA. Durch die Haftung der Restschicht am Substrat bilden sich durchgehende Öffnungen in dem PS-Bauteil.*

Die Wahl des Thermoplasten, der als Unterlage gewählt wird, ist ausschlaggebend für die Erzeugung der Durchlöcher. Voraussetzung ist ein Haften des umgeformten Materials an der Unterlage. Darüber hinaus muss die Erweichungstemperatur des als Unterlage verwendeten Kunststoffes oberhalb der Prägetemperatur des umzuformenden Kunststoffes liegen. Erweicht das Substratmaterial bereits bei der Prägetemperatur, so verformt sich das Bauteil vergleichbar den Versuchen mit Silikonunterlage.

Ein weiterer Ansatz Durchlöcher in Thermoplasten mittels Heißprägen zu erzeugen ist das Heißstanzen[RSW09]. Hierbei wird in einem ersten Prozessschritt eine Kunststoffmatrix mit einer Vertiefung an der Stelle des zu strukurierenden Durchlochs in der Kunststoffsubstratplatte erzeugt. In dem anschließenden Prägeschritt wird der zu prägende Kunststoff in die Vertiefung geprägt und mit dem Pin an der Kante der Struktur im Kunststoffsubstrat abgeschert. Die Durchlocherzeugung basiert wie bei der Verwendung einer geschliffenen Messingsubstratplatte auf der Abscherung der Restschicht an einer härteren Unterlage, jedoch kann die ausstanzende Wirkung durch das Vorstrukturieren mit einem Kunststoffsubstrat erreicht werden. Da die Vertiefung in dem Kunststoffsubstrat bereits mit dem gleichen Formeinsatz erzeugt werden kann, ist für Prägung und Vorstrukturierung nur ein Formeinsatz ausreichend. Aufgrund der limitierten Wiederholgenauigkeit der Anlagen, ist die Abscherung der Restschicht für Durchlöcher mit Durchmessern oberhalb von einigen hundert Mikrometern begrenzt, da bei einem Versatz freie Bereiche zwischen Pins und Vertiefung entstehen, an denen das Durchloch nicht mehr abgeschert werden kann. Da außerdem mit diesem Verfahren nur Durchlöcher mit senkrechten Seitenwänden erzeugt werden können, ist dieses Verfahren für die Herstellung von DWPs mit kegelförmigen Durchlöchern nicht geeignet.

In Abbildung 5.3 sind die verschiedenen Prinzipien zur Erzeugung von Durchlöchern zusammengefasst. Der Pin mit der rauen Oberfläche wird auf die verschiedenen Unterlagen geprägt. In jedem der Varianten wird ein Rest der Polymerschmelze zwischen der rauen Pinspitze und dem Substrat eingeklemmt. Nur im Falle des Eintauchens des Pins in eine Substratplatte wird die eingeklemmte Restschicht an den Kanten des Eindrucks abgeschert und hinterlässt eine durchgehende Öffnung und eine bleibende Schädigung des Substrates.

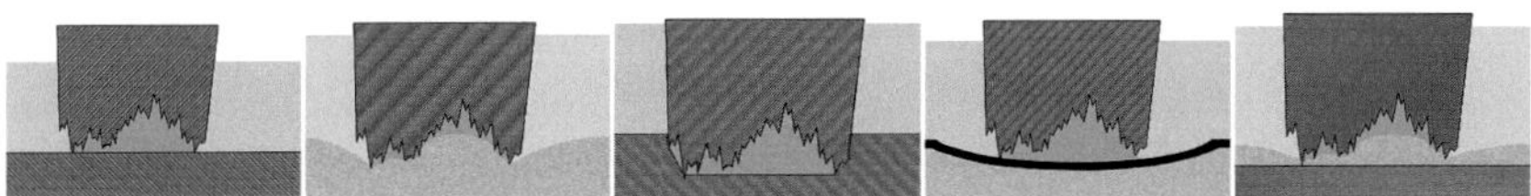

Abb. 5.3.: *Die verschiedenen Ansätze zur Durchlocherzeugung unter Variation der Substrate. Eine metallische Substratplatte mit größerer Härte als der Formeinsatz, eine Kunststoffsubstratplatte mit geringerer Härte als die Schmelze, eine metallische Substratplatte mit einer Härte zwischen Schmelze und Formeinsatz, eine harte, metallische Folie auf einer Kunststoffunterlage sowie eine Kunststofffolie auf einer metallischen Unterlage (v.l.n.r.).*

5.2. Bewertung der Durchlocherzeugung

Verschiedene Ansätze zum Erzeugen von durchgehenden Öffnungen wurden untersucht. Da keine Variante die Restschicht vollständig verdrängen kann und bei Ansätzen auf Basis des Stanzens stets Schädigungen des Substrates entstehen, ist keine dieser Varianten für die DWPs geeignet. Lediglich der Einsatz eines Kunststoffsubstrates, mit dem die ausgedünnte Restschicht am Substrat haften bleibt, ist generell für die DWPs geeignet. Für die Versuche zur Durchlocherzeugung wurden jedoch galvanisch erzeugte Formeinsätze verwendet, die sich in der Geometrie der Pins untereinander unterschieden[Kai08]. Abbildung 5.4 zeigt zwei optische Mikroskopaufnahmen des obersten Bereichs von zwei exemplarischen Pinspitzen der DWPs. Aufgrund eines ersten Umkopierschrittes von abgeformten Bauteilen und dem hohen Aspektverhältnis konnten nicht alle Spitzen gleichmäßig und vollständig abgebildet werden.

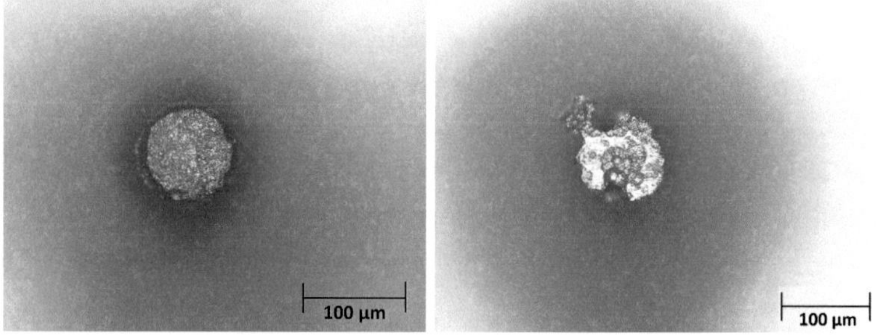

Abb. 5.4.: *Mikroskopaufnahme einer gut kopierten Pinspitze (links) und einer fehlerhaften Pinspitze (rechts). Durch die inhomogene Formeinsatzgeometrie wird die Erzeugung von durchgehenden Öffnungen erschwert.*

Durch die Unebenheiten und Ausbuchtungen an der Spitze der Pins konnten lediglich nach dem Verfahren der thermoplastischen Substrate Durchlöcher erzeugt werden. Durch die Formunterschiede der Pins wurden jedoch auch mit diesem Verfahren in einem Bauteil nie alle Durchlöcher erzeugt. Daher wird ein zusätzlicher Ausgleich benötigt, um die großen Unebenheiten der Pinspitzen ausgleichen zu können. Aus den Erkenntnissen aus Kapitel 3.1.7 konnte dieser Ausgleich durch den Einsatz einer zusätzlichen Trägerfolie erreicht werden.

Für die Herstellung der Düsen in DWPs mit Thermoplasten mit einer Verarbeitungstemperatur unter $300\,°C$ dient eine $50\,\mu m$ dicke PEEK Folie, die zwischen dem Formeinsatz und dem Kunststoffhalbzeug eingesetzt wird, als Ausgleich der Unebenheiten der Pinspitzen. Während dem Heißprägeprozess wird diese Folie unter dem Druck der Polymerschmelze umgeformt und legt sich um die Struktur des

Formeinsatzes. Die entstehenden Strukturen im geprägten Bauteil werden durch die zusätzliche Folie bis zu $50\,\mu m$ breiter, stellen für die DWPs jedoch keine Funktionsänderung dar.

Im Bereich der Pinspitze bewirkt die PEEK-Folie ein Verdrängen der Restschicht aus der Mitte heraus. Die PEEK-Folie wird durch die Pins verstreckt und bildet an der Pinspitze eine Wölbung über dem Pin. Der höchste Punkt der Wölbung in der Mitte weist den geringsten Abstand zur Substratplatte auf, wodurch die Verdrängung der Schmelze aus der Mitte der Pins beginnt. Während dem weiteren Kraftaufbau wird die PEEK-Folie bis an den Rand der Pinspitzen flachgedrückt und gleicht die Unebenheiten der Pinspitze aus. Nach dem Entformen des Bauteils liegt die PEEK-Folie auf dem geprägten Bauteil und kann aufgrund der geringen Oberflächenhaftung ohne Kraftaufwand entfernt werden. Die PEEK-Folie weist im Bereich der Pins ein Loch auf, das auf ein Abtrennen der Folie durch die Pinspitze während der Krafterhöhung zurückzuführen ist. Unter den gleichen Prozessbedingungen konnten ohne die PEEK-Folie keine Durchlöcher gleichmäßig hergestellt werden. Das zusätzliche Hilfsmittel der PEEK-Folie ermöglicht ein gerichtetes Verdrängen der Restschicht, wodurch die verbleibende Restschicht im Bereich der zu erzeugenden Durchlöcher reduziert werden kann und beim Ablösen des Bauteils von der Substratplatte an dieser verbleibt. In Abbildung 5.5 ist dieser Aufbau schematisch dargestellt und ein DWP mit 96 Wells mit homogenen Durchlöchern sowie die dafür verwendete, strukturierte PEEK-Folie gezeigt.

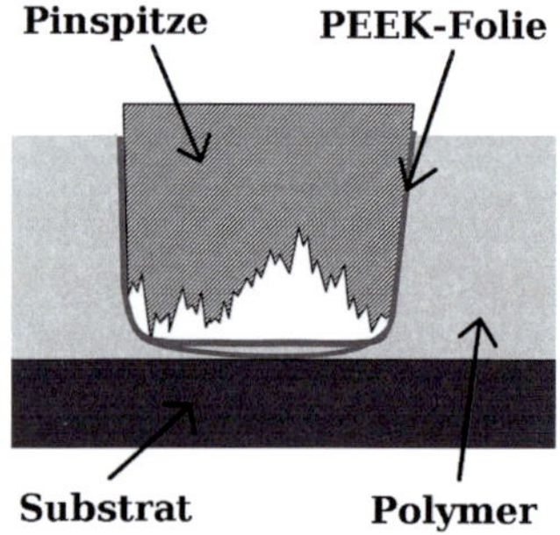

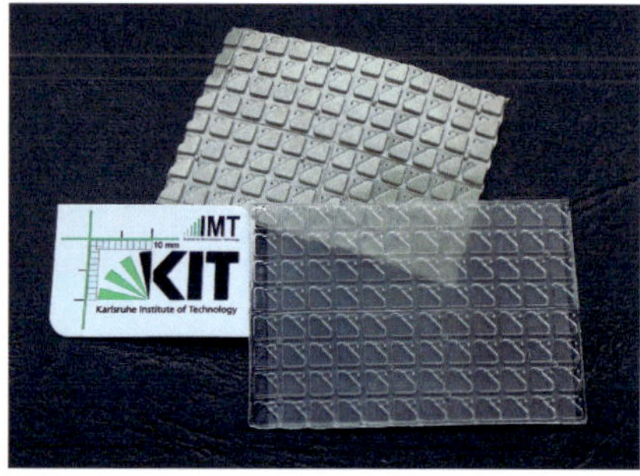

Abb. 5.5.: *Prinzipskizze zur Verdrängung der Restschicht durch die Verwendung einer zusätzlichen PEEK-Folie (links) und heißgeprägtes DWP-Bauteil in PMMA mit 96 Wells mit der durch die PMMA-Schmelze verstreckten PEEK-Folie (rechts). Mit diesem Ansatz lassen sich selbst mit inhomogenen Formeinsätzen reproduzierbar Durchlöcher auf einem PSU Substrat erzeugen.*

6. Integration in Demonstratorbauteil

Für die Herstellung des Demonstratorbauteils Dispensing Well Plate (DWP) mittels Heißprägen werden Modifikationen des Heißprägeprozesses benötigt. Diese Modifikationen zur Herstellung von Mehrkomponentenbauteilen, zur Steuerung der Benetzbarkeit durch Oberflächenstrukturierung sowie zur Erzeugung von durchgehenden Öffnungen wurden in den Kapiteln 3 bis 5 untersucht und optimiert. Zur Erzeugung einer DWP, die sämtliche Anforderungen vereint und darüber hinaus in dem industriell verwendeten großflächigen Mikrotiterplattenformat eingesetzt werden kann, müssen diese Erweiterungen zusammengeführt und in einem Bauteil integriert werden. In den jeweiligen Bewertungsteilen der einzelnen Kapitel konnte eine Vorauswahl der Verfahren getroffen werden, die sich für eine Anwendung in den DWPs eignen können.

Daher muss untersucht werden, ob sich die einzelnen Prozessschritte, die jeweils Modifikationen des konventionellen Heißprägens darstellen, kombinieren lassen und in einem Bauteil integriert werden können. In einem ersten Integrationsschritt wird die Herstellung eines Bauteils mit hydrophiler Oberseite und hydrophober Unterseite mit der Durchlocherzeugung kombiniert. Dies geschieht entweder durch die Erzeugung einer hydrophoben Oberfläche durch Strukturierung des Bauteils oder durch die Herstellung eines Mehrkomponentenbauteils bei gleichzeitiger Durchlocherzeugung. Anschließend wird das Verfahren hinsichtlich industrieller Einsetzbarkeit erweitert. Hierzu müssen Bauteile im großflächigen industriellen Standardformat, dem Mikrotiterplattenformat, hergestellt werden. Abschließend wird untersucht, wie die Anwendung der DWPs durch den Einsatz der Mehrkomponentenprägetechnik darüber hinaus verbessert werden kann.

6.1. Durchlocherzeugung in einem hydrophil - hydrophoben Bauteil

Die Durchlocherzeugung mit Hilfe von thermoplastischen Substraten eignet sich auch für die Herstellung von Durchlöchern in Mehrkomponentenbauteilen. Die Benetzbarkeit von unstrukturierten technischen Thermoplasten liegt nach den Ergebnissen aus Kapitel 4.1.1 jedoch überwiegend im hydrophilen bis zum leicht hydrophoben Bereich mit Kontaktwinkeln zwischen 65° bis 105°. Lediglich Fluorpolymere wie PTFE und FEP weisen mit Kontaktwinkeln oberhalb von 120° eine stark hydrophobe Oberfläche auf. Diese Fluorpolymere sind jedoch nicht nur abweisend gegenüber Wasser, sie lassen sich auch nicht mit anderen Kunststoffen mittels Heißprägen zu Mehrkomponentenbauteilen verarbeiten[BD06].

Von den untersuchten Kunststoffen, die für die Herstellung von Mehrkomponentenbauteilen genutzt werden können, weist mikrostrukturiertes COC mit einem Kontaktwinkel von 151° die geringste Benetzbarkeit auf. Als hydrophile Verbundpartner wurden die Polymere SAN und PC ermittelt. Mit diesen Kombinationen lassen sich Mehrkomponenten-DWPs herstellen, die eine hydrophile Bauteiloberseite bei gleichzeitig hydrophober Unterseite aufweisen. Durch einen Drei-Schicht Aufbau lassen sich auch andere hydrophile Polymere als obere Bauteilschicht einsetzen, beispielsweise PMMA mit einer mittleren SAN Schicht und einer hydrophoben COC Unterseite nach Kapitel 3.2. Ob sich Durchlöcher erzeugen lassen, hängt damit von der Kombination der Substratplatte und dem daraufliegenden Kunststoff ab, im Falle der DWPs der Bauteilunterseite. Für den Verbund mit COC als Unterlage hat sich eine Substratplatte aus Polyurethan (PUR, Desmopan) als geeignet herausgestellt, jedoch weist das Bauteil nach der Durchlocherzeugung eine Durchbiegung im Bereich der Düse auf, da sich PUR elastisch verformt. Als Alternative kann eine Substratplatte aus PSU eingesetzt werden, wenn die COC-Schicht lediglich mit einer Dicke von $100\,\mu m$ geprägt wird. Dadurch verdrängen die Schichten aus PMMA und SAN lokal die dünne COC Schicht und bilden den haftenden Verbund für die Durchlocherzeugung.

6.1.1. Heißgeprägte Formeinsätze

Um die Unterseite eines Bauteils strukturieren zu können bei einer gleichzeitigen Durchlocherzeugung, muss ein Formeinsatz für die Bauteilunterseite eingesetzt werden, der den lokalen hohen Kräften an der Pinspitze bei der Durchlocherzeugung ausgesetzt ist. Die Herstellung eines strukturierten metallischen Formeinsatzes ist jedoch kosten- und zeitintensiv, da diese nach Kapitel 5 jeweils nur einmal zur Herstellung eines Durchlochs eingesetzt werden können. Durch die Erkenntnisse aus Kapitel 3.1 kann die Herstellung von strukturierten Formeinsätzen durch Replikation in temperaturbeständigere Materialien als die für die DWPs eingesetzten Thermoplasten erfolgen[GBB+09]. Aus einem Masterformeinsatz können damit replizierte Formeinsätze für die Durchlocherzeugung und Bauteilunterseitenstrukturierung gewonnen werden.

Nichtpolymere Formeinsätze In Kapitel 3.1 wurde die Replikation von metallischen und keramischen Bauteilen vorgestellt, die neben der Temperaturbeständigkeit auch eine größere Härte als Thermoplaste aufweisen.

Heißgeprägte keramische Bauteile weisen einen geringen Verschleiß der Strukturen auf und ermöglichen als Formeinsatz Replikationen in technischen Thermoplasten. Während der Einsatz von keramischen Formeinsätzen im Spritzguss bereits nach zehn Replikationen zu Brüchen des Formeinsatzes aufgrund der wechselnden Belastungen führt[PK10], konnten durch den langsamen Druckaufbau im Heißprägen 50 Replikationen gezeigt werden, ohne einen Schaden an dem keramischen Formeinsatz nachweisen zu können. Bei der Erzeugung von durchgängigen Öffnungen, wie sie in den DWPs erzeugt werden, treten jedoch lokal Kraftüberhöhungen an dem keramischen Formeinsatz auf. Diese führen aufgrund des spröden Materialverhaltens zu einem Bruch des Formeinsatzes und bilden dabei keine Durchlöcher.

Hartmetallische Formeinsätze aus heißgeprägtem Feedstock konnten aufgrund der eingesetzten Partikelgröße nicht für die hydrophobe Oberflächenstrukturierung in DWPs verwendet werden. Die mittels Verstreckung von metallischen Folien durch eine Trägerschicht erzeugten Bauteile sind in ihren strukturierbaren Abmessungen begrenzt, bilden keine scharfen Strukturkanten aus und bieten aufgrund der geringen Foliendicke keine ausreichende Stabilität.

Als stabile Alternative haben sich die metallischen Gläser herausgestellt. Diese lassen sich thermoplastisch ohne Nachbearbeitung strukturieren und ermöglichen Strukturen bis in den Submikrometerbereich. Als Formeinsatz für PMMA Hesaglas konnte auch nach 50 Replikationen keine Schädigung der Strukturen nachgewiesen werden. Für die Erzeugung der Durchlöcher reichte die Haftung zwischen dem metallischen Glas und dem replizierten Thermoplasten jedoch nicht aus, um die Restschicht definiert ablösen zu können.

Thermoplaste als Formeinsatz Hochleistungsthermoplaste haben eine im Vergleich zu technischen Thermoplasten hohe Gebrauchstemperatur, bis zu der sie nur eine geringe Reduktion in der Festigkeit zeigen[Cam07]. Dadurch können Kunststoffe mit einer Glasübergangstemperatur, bzw. Kristallitschmelztemperatur unterhalb der Gebrauchstemperatur des Hochleistungsthermoplasten erweicht und in die Strukturen umgeformt werden. Als Kunststoff mit Gebrauchstemperatur oberhalb von $300°C$ eignet sich PEEK für die Anwendung als replizierter Formeinsatz. Auch nach 50 Replikationen von PMMA-Bauteilen in einem PEEK (Aptiv 500, Victrex) Formeinsatz sind keine systematischen Verschlechterungen der Strukturkanten und Bauteilgeometrien messbar. Heißgeprägte Formeinsätze aus LCP (Vectra E540i, Ticona), die herstellungsabhängig ebenfalls Gebrauchstemperaturen über $300°C$ aufweisen können, neigen durch die höhere Sprödheit bei häufigem Lastwechsel zu Rissbildung. Im Temperaturbereich zwischen $220°C$ und $300°C$ konnte anhand von PPS (Fortron 203, Ticona) und PA6 (Ultramid 8200, BASF) ebenfalls die Eignung von Hochleistungsthermoplasten als heißgeprägte Formeinsätze nachgewiesen werden.

Durch die Verwendung von PSU zur Herstellung eines Formeinsatzes können auch kommerziell erhältliche Heißprägeanlagen mit Umformtemperaturen bis $220°C$ für die Herstellung von Formeinsätzen genutzt werden. Da die Replikationen in PMMA an der oberen Grenze der Gebrauchstemperatur von PSU bei $160°C$ durchgeführt wurden, wurde die Haltbarkeit der PSU Formeinsätze genauer untersucht. Dazu wurden 15 Formeinsätze aus PSU hergestellt, mit denen anschließend stufenweise jeweils fünf Prägungen in PMMA hergestellt wurden. Abbildung 6.1 zeigt exemplarisch AFM Aufnahmen von vier Formeinsätzen aus PSU nach jeweils unterschiedlicher Anzahl an Abformungen in PMMA, aus denen die Materialbeständigkeit abgeleitet werden kann. Bis 20 Abformungen sind keine systematischen Strukturverschlechterungen messbar, nach 25 Abprägungen konnte ein Verrunden der Kanten nachgewiesen werden, was auf eine Materialermüdung zurückzuführen ist[Sur03].

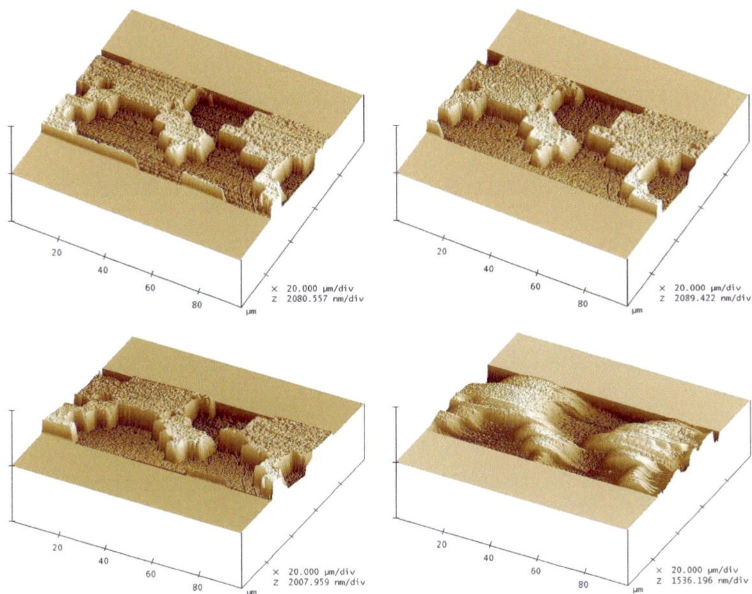

Abb. 6.1.: *PSU-Formeinsatz vor der ersten Prägung (links oben), nach der ersten Prägung (rechts oben), nach 20 Prägungen (links unten) und nach 50 Prägungen (rechts unten). Die Stabilität des PSU-Formeinsatzes ist für Prägungen in PMMA bis 20 Prägungen gewährleistet, danach wird eine zunehmende Verrundung der Strukturen sichtbar.*

Trotz geringerer Beständigkeit von PSU als Formeinsatz im Vergleich zu PEEK, PPS oder metallischem Glas, weist PSU als amorpher Thermoplast aufgrund des großen Prozessfensters und der geringeren Verarbeitungstemperatur eine bessere Verarbeitbarkeit auf. Auch durch die Haftung vieler technischer Thermoplaste an PSU ergibt sich eine grundsätzliche Eignung von PSU als Formeinsatz für die Durchlocherzeugung. PSU lässt sich im Gegensatz zu den anderen verwendeten Hochleistungsthermoplasten chemisch mit dem Lösemittel Tetrahydrofuran (THF) lösen, so dass Abweichungen bei der Temperierung oder dem Prozessablauf ohne Zerstörung der Masterstrukter behoben werden können.

Zwar lassen sich auch technische Thermoplaste als Formeinsätze für niedriger schmelzende Thermoplasten einsetzen, da die Bandbreite technischer Thermoplaste einen Bereich von mehreren zehn Grad überdeckt; durch die geringe Differenz der Erweichungstemperaturen sind bereits nach einer Abformung Strukturfehler des Kunststoffformeinsatzes messbar[KMSW10], weshalb diese nicht für die Strukturierung der Bauteilunterseite eingesetzt werden können.

6.1.2. Durchlocherzeugung mit strukturiertem Kunststoffsubstrat

Es konnte gezeigt werden, dass sich Hochleistungsthermoplaste wie PSU dafür eignen Strukturen als Formeinsatz auf das Bauteil zu übertragen. In Kapitel 5 konnten PSU Substrate außerdem erfolgreich für die Durchlocherzeugung genutzt werden. Als Formeinsatz soll die Haftung zwischen dem Hochleistungsthermoplasten und dem Bauteil so gering wie möglich sein, für die Erzeugung von Durchlöchern hingegen wird eine Haftung an der Grenzschicht zwischen den Kunststoffen benötigt.

Diese Anforderungen widersprechen sich, um beide Funktionen in einem Bauteil zu vereinen. Bei einer geeigneten Materialkombination zur Nutzung von Kunststoffformeinsätzen kann der bei metallischen Formeinsätzen typische Unterschied in der Wärmeausdehnung zwischen Thermoplast und Metall reduziert werden. Der Hauptanteil der Entformkräfte entsteht nach Kapitel 2.5.4 durch das Festklemmen des Kunststoffes im Formeinsatz während dem Abkühlen. Das verwendete Hochleistungspolymer PSU weist mit einer Schwindung von $0,4 - 0,9\,\%$[LHK04] vergleichbare Schwindungswerte wie beispielsweise PMMA, COC, PC und PS. Dadurch wird das Festklemmen des Bauteils in dem Kunststoffformeinsatz vermieden.

Abbildung 6.2 zeigt die Unterseite eines DWP aus PMMA. Das Durchloch wurde mit einem strukturierten Substrat aus PSU hergestellt, das die Struktur auf die Bauteilunterseite übertragen hat. Messungen des Kontaktwinkels zeigen die stark hydrophobe Oberflächeneigenschaft mit einem Kontaktwinkel von $121°$, während die Oberseite die hydrophilen Eigenschaften des PMMA aufweist. Damit konnten die Anforderungen einer hydrophilen Bauteiloberseite und einer hydrophoben Bauteilunterseite bei gleichzeitiger Erzeugung von Durchlochstrukturen realisiert werden.

Innenstrukturierte Hohlkörper Formeinsätze aus Kunststoff lassen sich für mikrofluidische Bauteile einsetzen, um eine Strukturierung in den Bereichen zu erzeugen, die mit den konventionellen Replikationsverfahren nicht erzeugt werden

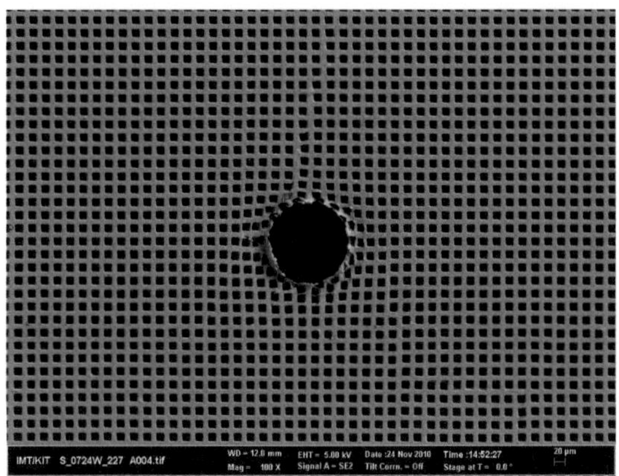

Abb. 6.2.: *DWP Bauteilunterseite mit Durchloch und Strukturierung*

können. Wird ein strukturierter Hochleistungsthermoplast als verlorene Form vollständig von dem zu replizierenden Thermoplasten umschlossen, lassen sich damit Hohlkörper erzeugen, die an den Innenseiten strukturiert sind. Solche Strukturen lassen sich bisher lediglich mit vorstrukturierten Folien mittels Mikrothermoformen herstellen[HSDW10].

In Abbildung 6.3 ist ein Kanal in PP zu sehen, der mittels einer gerollten strukturierten Folie aus PSU als verlorenem Formeinsatz erzeugt wurde. Die gerollte Folie wird in eine gefräste Nut des Halbzeuges aus PP gelegt und mit einem zweiten PP Halbzeug abgedeckt. Anschließend werden die Halbzeuge auf die Kristallitschmelztemperatur von PP bei $170\,^{\circ}C$ erwärmt und unter geringem Druck bis $5\,MPa$ geprägt. Dabei fließt das PP in die Kavitäten der PSU Rolle und wird strukturiert. Nach dem Abkühlen wird das PP Bauteil an den Enden des Kanals, an denen die fluidische Kontaktierung vorgesehen ist, aufgebohrt und mit dem organischen Lösemittel THF gespült. Durch die selektive Löslichkeit von PSU in THF wird der eingerollte Formeinsatz entfernt. Durch die chemische Resistenz von PP gegenüber THF verbleibt ein Bauteil mit einem umschlossenen Kanal, der eine Strukturierung der Kanalinnenseite aufweist, ohne dass Undichtigkeiten aufgrund einer Bondverbindung auftreten.

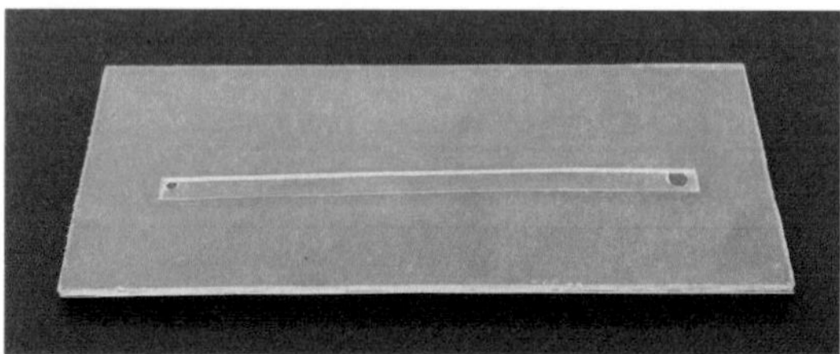

Abb. 6.3.: *Bauteil aus PP mit innenstrukturiertem Kanal nach dem Herauslösen der PSU Folie durch das Lösemittel THF. Ein innenstrukturierter Kanal kann damit ohne Erzeugung einer nachträglichen Bondverbindung hergestellt werden.*

Transparente mikrostrukturierte Bauteile mit hohen Aspektverhältnissen Bei dem Einsatz von Kunststoffsubstraten zur Durchlocherzeugung wird eine Haftung zwischen dem Substrat und dem zu strukturierenden Thermoplasten benötigt, um das Bauteil nach der Replikation wieder aus dem metallischen Formeinsatz zu entformen. Raue metallische Substrate erzeugen die Verbindung zwischen Thermoplast und Substrat durch Hinterschnitte und die Erhöhung der Kontaktflächen, was zu einer rauen, undurchsichtigen Bauteilrückseite führt. Die für viele fluidische Anwendungen wie den DWPs benötigte optische Auswertung von Strukturbereichen durch das Bauteil hindurch wird dadurch verhindert.

Die Entformung von Bauteilen mit Hilfe der Haftung an Kunststoffsubstratplatten bietet hier Abhilfe. Anhand der beispielhaften Kombination von Prägungen in PMMA auf einem PSU Substrat können transparente Bauteile hergestellt werden, die sich für eine nachfolgende optische Charakterisierung eignen, ohne Einschränkungen der replizierten Strukturen aufgrund manueller Entformung in Kauf nehmen zu müssen.

Abbildung 6.4 zeigt einen Vergleich von mit dem neuen Ansatz der Kunststoffsubstrate hergestellten Strukturen und Strukturen nach dem bisher üblichen Verfahren zur Herstellung transparenter Bauteile[WTM+06]. Bei dem bisherigen Ansatz wird eine polierte Substratplatte verwendet, wodurch das Bauteil nach der Strukturierung nicht automatisch entformt wird. Die Entformung erfolgt nach dem Öffnen der Anlage manuell per Hand, durch Unterdruckgreifer oder mittels Auswerferstiften wie im Spritzgussprozess. Dieser Entformvorgang limitiert jedoch die Replikations-qualität der Strukturen, vergleichbar denen, die im Spritzguss hergestellt werden können. Ohne den definierten isothermen, senkrechten Entformvorgang sind freistehende, rechtwinklige Strukturen nur mit geringen Aspektverhältnissen möglich, bei höheren Aspektverhältnissen werden zwingend Entformschrägen oder verrundete Strukturen notwendig.

Bei der Verwendung von Kunststoffsubstraten ergibt sich die Haftung in Abhängigkeit der Kunststoffkombination. Die Haftung ermöglicht ein automatisches Entformen aus dem Formeinsatz, das Bauteil verbleibt anschließend auf der Substratplatte. Da die Haftung des Bauteils an dem Kunststoffsubstrat nicht auf Hinterschnitten wie bei aufgerauten Metallplatten basiert, kann das Bauteil nach dem Entformen durch Scherkräfte manuell abgelöst werden.

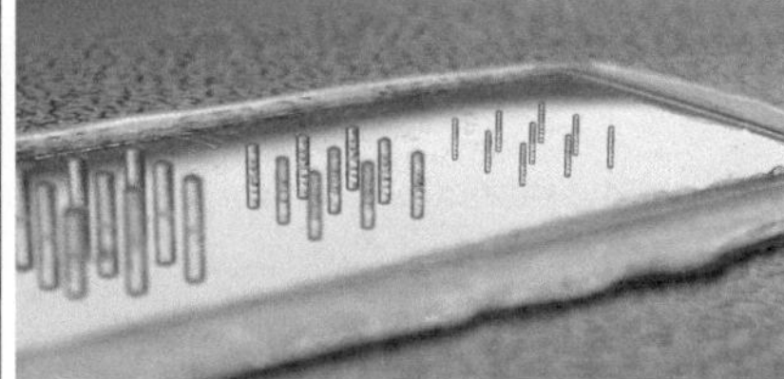

Abb. 6.4.: *Transparentes heißgeprägtes Bauteil nach manueller Entformung (links) und transparentes heißgeprägtes Bauteil mit automatischer Entformung durch PSU-Substrat (rechts).*

6.2. Industrielle Anwendbarkeit

Die präzise Herstellung von Bauteilen, die aus mehreren Komponenten bestehen, deren Oberflächeneigenschaften modifiziert werden oder die durchgehende Öffnungen aufweisen, erweitern die bestehenden Herstellungsmöglichkeiten im Heißprägeprozess. Durch die manuelle Prozessführung und die langen Prozesszeiten ist die industrielle Umsetzung für neue Produkte und Anwendungen jedoch eingeschränkt. Um diese Produkte günstiger und automatisierbar herstellen zu können, wird eine Zuführung und Entnahme der Bauteile, reduzierte Zykluszeiten sowie eine großformatige Herstellung der Strukturen benötigt.

6.2.1. Großformatiges Abformen

Da die Herstellung der Strukturen für DWPs zeitaufwändig und teuer ist, wurde für die Heißprägeversuche ein Formeinsatz mit nur 24 einzelnen Wells im Format von knapp $32\,mm \times 21,4\,mm$ in Stahl gefräst. In der Industrie werden für Mikrodosier- und Analysetätigkeiten vor allem Bauteile im Mikrotiterplattenformat verwendet, das standardisierte Abmessungen von $127,76\,mm \times 85,48\,mm$ aufweist. Daher muss die Replikation mittels Heißprägen von 24 Wells um den Faktor 16 zu einer Mikrotiterplatte mit 384 Wells erweitert werden.

Herstellung großformatiger Formeinsätze Formeinsätze bis zu einer Größe von $92\,mm$ im Durchmesser können über die sogenannte zweite Galvanik zusammengefügt werden[WGM+08]. Bei der zweiten Galvanik werden bestehende Formeinsätze in einen Kunststoff heißgeprägt und das Kunststoffbauteil anschließend mit einer wenige Nanometer dicken Chrom-Haftschicht und einer 20 bis 50 Nanometer dicken Goldschicht leitend metallisiert. Auf dieser Startschicht wird anschließend der Galvanik-Prozess mit einem Nickel-Elektrolyten durchgeführt[BBM+98]. Um die Fläche des Formeinsatzes zu vergrößern, wurden vier der abgeprägten Bauteile auf gleiche äußere Abmessungen gesägt und auf gleiche Dicke geläppt, diese zueinander ausgerichtet, positioniert und aufgeklebt[KGM08]. Die Startmetallisierung erfolgte anschließend mit einer Maske über die vier Bauteile hinweg, um ein vollständiges Befüllen der feinen Düsen bei gleichzeitig flächiger Galvanik zu ermöglichen[KKGW10].

Die damit herstellbaren Formeinsätze bestehen aus 96 einzelnen Wells und haben die äußeren Abmaße von einem Viertel der Mikrotiterplatten, die für ein weiteres galvanisches Fügen zu groß sind. Vier der 96er Wells müssen daher mechanisch gefügt werden. Erste Versuche zum mechanischen Fügen von Formeinsätzen für das Heißprägen haben gezeigt, dass Spalte zwischen den Teilen des Formeinsatzes bei der Abformung von der Kunststoffschmelze gefüllt werden und bei der Enformung abreißen. Um diese Spalten zu minimieren wird der strukturierte Block in eine Aufnahmeplatte eingepresst[Zub09]. Hierfür muss jedoch ein mindestens ein Millimeter breiter Steg zwischen den eingepressten Blöcken verbleiben, der das Rastermaß der DWPs überschreitet.

Alternativ wurden Formeinsätze mit enger Fertigungstoleranz seitlich geklemmt und von der Rückseite verschraubt, um eine ausreichende Stabilität zu gewährleisten[Meh07]. Aufgrund des zusätzlichen Aufwandes zur mechanischen Bearbeitung der einzelnen Blöcke auf wenige Mikrometer genau, des Gesundheitsrisikos der dabei entstehenden Nickelstäube und der für das zum Verschrauben von der Rückseite benötigten Dicke des Nickelformeinsatzes wurde zum Fügen eines Formeinsatzes im großflächigen Mikrotiterplattenformat ein anderer Ansatz gewählt.

Um den Fügespalt zwischen den vier Teilen mit jeweils 96 Wells abzudichten und eine feste Verbindung über die gesamte Rückseite des Formeinsatzes zu ermöglichen, kann eine $50\,\mu m$ dicke Folie aus PEEK zwischen die einzelnen Stücke geklemmt werden. Die Klemmung erfolgt mit vorgespannten Schrauben. Durch Erhitzen des Formeinsatzes auf $340°C$ erweicht die PEEK-Folie, dringt in Unebenheiten und Spalten ein und verschliesst sie damit. Da die weiteren Abformungen bei Temperaturen unterhalb von $300°C$ stattfinden, bleibt die Fügeverbindung in einem stabilen Zustand. Durch Erhitzen auf über $340°C$ können die einzelnen Segmente wieder getrennt werden. Mit diesem Ansatz wurde ein Formeinsatz der DWP im Mikrotiterplattenformat hergestellt. Abbildung 6.5 zeigt die erste mittels Heißprägen hergestellte DWP mit 384 Wells in PMMA. Zur Strukturierung der Unterseite können kleinere Segmente des strukturierten PSU zusammengefügt werden, wodurch die hohen Werkzeugkosten für einen großflächigen Formeinsatz entfallen können.

Großformatige Werkzeugausrichtung Um auch großformatige Strukturen herstellen zu können, die eine Ausrichtung der Strukturen auf der Bauteilunterseite zur Bauteiloberseite benötigen, wurde ein Positioniertisch konstruiert, der Bauteile bis zu einem Durchmesser von $200\,mm$ ermöglicht. Da die laterale Wiederholgenauigkeit der verwendeten Anlage durch Prägeversuche von Gitterstrukturen in transparentem Kunststoff mit $10\,\mu m$ ermittelt wurde, wird durch die Ausrichtung eine Positioniergenauigkeit von ebenfalls $10\,\mu m$ erreicht.

Der bewegliche Kern wird zum Ausrichten mittels Luftpolster angehoben und durch Schrittmotoren und Messtaster auf die gewünschte Position ausgerichtet. Die Ausrichtung des Positioniertisches bei einem Winkelversatz erfolgt durch einen Nonius mit einem Rastermaß von $65\,\mu m$, so dass sich eine Winkelgenauigkeit von

Abb. 6.5.: *Abformung einer DWP mit 384 Wells in PMMA im Mikrotiterplattenformat*

$0,02°$ einstellen lässt. Um eine Wechselwirkung der Achsen zu vermeiden, werden die beiden lateralen Achsen sowie die Winkelverdrehung jeweils einzeln durchgeführt. Um eine Positionsänderung durch Wärmeausdehnung zu vermeiden und die Prozessdauer nicht zu erhöhen, erfolgt die Ausrichtung unterhalb der Temperiereinheit und Isolierung[Lan10].

IML im Heißprägen Aus dem Spritzguss ist das sogenannte In-Mould-Labelling (IML) bekannt, bei dem metallische oder polymere Folien im Replikationsprozess hinterspritzt werden und an der Oberfläche des Bauteils verbleiben[PPM+10]. Diese Folien werden meistens aus Designgründen oder zur Etikettierung und Beschriftung der Bauteile eingesetzt. In Kapitel 3.1.7 wurde die Herstellbarkeit von Bauteilen mit einer zusätzlichen Folie an der Oberfläche mittels Heißprägen nachgewiesen. Für mikrofluidische Mehrkomponentenbauteile, in denen ein nichttransparenter Kunststoff eingesetzt wird, bekommen diese Folien noch eine zusätzliche Bedeutung.

Für viele mikrofluidische Anwendungen ist eine optische Analyse des Fluids im Bauteil notwendig, bei einem nichttransparenten Bauteil kann das Licht jedoch nicht durch das Bauteil hindurch gesendet werden. Durch den Einsatz von metallischen Folien kann das Licht reflektiert werden und eine Detektion des Fluids ermöglichen. Durch den doppelten Analyseweg wird die Empfindlichkeit dabei teilweise erhöht. Abbildung 6.6 zeigt einen Ausschnitt aus einem DWP mit integrierter Aluminiumfolie, die als Spiegel für die optische Analyse dient.

IML kann damit auch im Heißprägen weitere Funktionen in ein Bauteil integrieren, beispielsweise ein Beschriftungsfeld bei Verwendung von Papier oder eine elektrische Kontaktierung durch zusätzliche Leiterbahnen. Durch die Verwendung von Halbzeugen im Heißprägeprozess kann das Aufbringen einer Folie nicht nur an der Oberfläche erfolgen, durch den Einsatz des Positioniertisches können beispielsweise gestanzte Folien zwischen den Halbzeugen eine funktionelle Schicht auch im Bauteilinneren ermöglichen.

Abb. 6.6.: *Detailaufnahme eines mittels Mehrkomponentenprägen hergestellten DWPs. Im Reservoirbereich und dem Kanal wurde eine Folie aus Aluminium eingeprägt, die als Spiegelfläche während dem Prägevorgang integriert werden kann.*

6.2.2. Teilautomatisiertes Handling

Die manuelle Zuführung der Halbzeuge im Heißprägeprozess ermöglicht eine flexible Prozessgestaltung, einen schnellen Wechsel der Materialien und eine kontinuierliche Anpassung der Prozessbedingungen. Dies macht Heißprägen zu dem idealen Replikationsverfahren für die Forschung und Laborarbeiten. In der Industrie wird jedoch weniger Flexibilität und Vielfalt gefordert, vielmehr müssen identische Bauteile mit wenig personellem Aufwand in geringer Zeit hergestellt werden. Um den personellen Aufwand zu reduzieren, kann daher für die Herstellung der Mehrkomponentenbauteile ein Handlingsystem eingesetzt werden, welches die Halbzeuge der Heißprägeanlage zuführt und nach der Replikation wieder entnimmt.

Hierfür steht an der Heißprägeanlage Wickert WMP1000 ein Handlingsystem der Firma IEF Werner zur Verfügung[BDG+06]. Zur Herstellung der großformatigen Bauteile bis zum Mikrotiterplattenformat und für Mehrkomponentenbauteile musste dieses Handlingsystem modifiziert werden. Da in Abhängigkeit der verwendeten Materialien mehrere Halbzeuge aneinander haften bleiben und den Formeinsatz beschädigen können, muss eine Vereinzelung der Halbzeuge vor der Zuführung in die Heißprägeanlage sichergestellt werden. Hierfür wurde eine pneumatische Schiebereinheit entwickelt, welche die benötigten Halbzeuge aus einem Vorratsbehälter lateral entnimmt[Ehr09]. Abbildung 6.7 zeigt das weiterentwickelte Handlingsystem für Bauteile im Mikrotiterplattenformat.

Abb. 6.7.: *Handlingsystem an der Heißprägeanlage Wickert WMP1000 zur teilautomatisierten Zuführung und Entnahme der DWPs im Mikrotiterplattenformat.*

Die Halbzeuge werden durch Federelemente an Drei-Punkt Anschlägen ausgerichtet und anschließend von Unterdruckgreifern entnommen und in die Heißprägeanlage platziert. Nach dem Replikationsschritt fährt der Unterdruckgreifer wieder in die Anlage und entnimmt die strukturierten Bauteile. Um einzelne Strukturen nicht zu beschädigen wird die Form der Unterdruckgreifer an den Strukturbereich der Bauteile und die benötigten Entformkräfte angepasst.

6.2.3. Reduktion der Prozessdauer

Die Dauer eines Replikationsprozesses ist bei jeder Replikationstechnologie abhängig von dem verwendeten Material und dem Bauteilvolumen. Neben diesen änderlichen Faktoren hat auch die verwendete Anlage einen Einfluss auf die Zykluszeiten. Im Spritzguss sind die Anlagen vor allem hinsichtlich ihrer Prozessdauer optimiert, wohingegen die Zeit beim Heißprägeprozess eine untergeordnete Rolle spielt. Wird eine größere Stückzahl eines definierten Produkts benötigt, kann die Anlage speziell auf die Anforderungen angepasst werden und bietet viel Potenzial die Zykluszeiten zu reduzieren. Für die durchgeführten Heißprägeversuche wurden vier verschiedene Heißprägeanlagen verwendet, die sich unter anderem hinsichtlich ihrer Zykluszeit unterschieden. Um heißgeprägte Produkte auch für industrielle Serientauglichkeit zu untersuchen und kürzere Zykluszeiten zu erreichen, wurden daher identische Bauteile mit diesen vier Anlagen abgeformt.

Als Testabformung wurden mikrooptische Bauteile mit einer Strukturfläche von $66\,x\,26\,mm^2$ aus PMMA verwendet. Um die gleichen Rahmenbedingungen zu gewährleisten wurden die Abformungen bei einer Starttemperatur von $70\,°C$, einer Prägetemperatur von $150\,°C$, einer Prägekraft von $60\,kN$, keiner zusätzlichen Haltezeit sowie einer Entformtemperatur von $90\,°C$ durchgeführt. Gemessen wurde jeweils die Zeit vom Schließen der Anlage bis zur Entnahme des geprägten Bauteils. Tabelle 6.1 gibt eine Übersicht über die gemessenen Zykluszeiten.

Heißprägeanlage	Zykluszeit
WUM2	37 min
HEX03	21 min
WMP1000	8 min
WUM1	4 min

Tab. 6.1.: *Zykluszeiten für eine Replikation in PMMA mit unterschiedlichen Heißprägeanlagen*

Die Anlage WUM2 (Warm-Umform-Maschine 2) verfügt aufgrund der mittels Öl temperierten Werkzeuge über eine besonders hohe Temperaturgenauigkeit innerhalb von $1\,^{\circ}C$, bedingt damit jedoch deutlich längere Zykluszeiten. Die kommerziell erhältliche Heißprägeanlage HEX03 wird über elektrische Heizpatronen temperiert, ebenso wie die hydraulische Anlage Wickert WMP1000 sowie die erweiterte Anlage WUM1[Sch07]. Die damit erreichte Zykluszeit von vier Minuten liegt in der Größenordnung von variothermen Spritzgussprozessen und zeigt die industrielle Eignung des Heißprägeprozesses, obwohl bei einer auf geringe Zykluszeiten optimierten Konstruktion noch weitere Verbesserungen erwartet werden können, beispielsweise beim Einsatz von induktiver[Roc10] oder laserunterstützter Beheizung[MK09].

7. Zusammenfassung und Ausblick

In der vorliegenden Arbeit wurde eine hohe Bandbreite an Erweiterungen und Optimierungen des Heißprägeprozesses untersucht. Diese erstrecken sich von Grundlagenuntersuchungen zur Verbesserung der Strukturqualität über Modifikationen des Prozessablaufs bis zur Erweiterung der Materialpalette. Aus den Ergebnissen lassen sich sowohl Richtlinien für den konventionellen Heißprägeprozess ableiten als auch darauf aufbauend Erweiterungen des Heißprägeprozesses, mit denen künftig neue Produkte ermöglicht werden.

7.1. Zusammenfassung

Anhand eines Demonstratorbauteils in Form der Dispensing Well-Plates (DWP) wurden verschiedene Erweiterungen für den Heißprägeprozess vorgestellt, wie die Erzeugung von Durchlochstrukturen, die Mehrkomponentenreplikation und die Steuerung der Benetzbarkeit durch Oberflächenstrukturierungen bis in den Submikrometermaßstab.

Verschiedene Ansätze zur Erzeugung von Durchlochstrukturen wurden verglichen und für die Eignung in DWPs bewertet. Zur reproduzierbaren Herstellung von Durchlöchern wurde ein mehrschichtiger Aufbau ermittelt, der eine Verdrängung der Restschicht selbst bei ungleichmäßigen Formeinsatzstrukturen ermöglicht. Die Erzeugung der Durchlöcher basiert nicht auf der vollständigen Verdrängung der Restschicht, sondern auf der Haftung der ausgedünnten Restschicht an dem Substrat, wodurch sich die Restschicht an der Strukturkante des Bauteils ablöst.

Am Beispiel der Benetzbarkeit wurde die Abhängigkeit der Prozessparameter zu den Bauteilgeometrien für die Replikation von Strukturen im Submikrometerbereich ermittelt und Unterschiede im Vergleich zur Mikrometerstrukturierung aufgezeigt. Zur Optimierung der Replikationsgüte wurde der Einfluss der Vorgeschichte der Thermoplaste untersucht und am Beispiel des Molekulargewichtes aufgezeigt.

Für die Mehrkomponentenreplikation wurden Anforderungen an die Materialkombinationen sowie den Replikationsprozess ermittelt, Möglichkeiten zur Beeinflussung der Bauteilschwindung aufgezeigt, eine Übersicht über die möglichen Verbundpartner aufgestellt und Richtlinien für die Herstellung neuer Produkte aus mehr als einem Material erstellt. Um eine große Bandbreite an Produkten zu ermöglichen, wurden alternative Materialien zu den Thermoplasten hinsichtich ihrer Eignung für die Mikroreplikation mittels Heißprägen untersucht und deren Strukturgrenzen ermittelt. Neben den Thermoplasten wurde das Heißprägen damit unter anderem für nichtpolymere Materialien wie amorphe Metalle und Keramiken charakterisiert.

Die einzelnen Erkenntnisse zur Mehrkomponentenreplikation, Steuerung der Benetzbarkeit und der Durchlocherzeugung wurden anschließend in einem Bauteil integriert. Um die Benetzung der Bauteilunterseite durch Strukturierung zu gewährleisten wurden heißgeprägte Hochleistungsthermoplaste als Formeinsatz für die Strukturierung und gleichzeitig als Unterlage für die Durchlocherzeugung verwendet. Aus Vergleichen verschiedener Kombinationen konnte PSU als geeignetes Substrat für die meisten technischen Thermoplaste ermittelt werden.

Die DWPs mit hydrophiler Bauteiloberseite und hydrophober Unterseite wurden anschließend im großformatigen Mikrotiterplattenformat mit 384 Wells repliziert und durch ein teilautomatisiertes Handlingsystem für die industrielle Einsetzbarkeit vorbereitet.

Aus den Erweiterungen des Heißprägeprozesses für die DWPs leiteten sich außerdem weitere Verfahren ab, wie die Herstellung von innenstrukturierten Hohlkörpern, transparenten Bauteilen mit hohen Aspektverhältnissen, heißgeprägten Formeinsätzen aus metallischen Gläsern und Keramiken sowie integrierte Spiegelfolien in mikrofluidischen Bauteilen.

7.2. Ausblick

Heißprägen wird trotz der stetig kürzeren Zykluszeiten auch langfristig nicht für die Herstellung einfacher Kunststoffprodukte für den Massenmarkt eingesetzt. Die hohe Automatisierung und hohe Durchsatzrate des Spritzguss zeigt hier eindeutig seine Vorteile. Für die künftig stärker nachgefragten Anwendungen mit multifunktionalen Mikrosystemen und miniaturisierten Strukturen bis unterhalb des Mikrometerbereichs, bei denen es auf eine hohe Strukturgüte ankommt, zeigt Heißprägen jedoch deutliche Vorteile und ermöglicht durch seine Flexibilität stetig neue Verbesserungen.

Die Herstellung von Mehrkomponentenbauteilen ist ein erster wichtiger Schritt zur Erschließung neuer Produkte. Die hohe Bandbreite möglicher Strukturen und alternativer Materialien, von denen im Rahmen dieser Arbeit lediglich ein kleiner Ausschnitt gezeigt wurde, eröffnet auch industriellen Unternehmen den Einsatz von Heißprägen oder abgeleiteten, auf die Anwendung spezialisierten Prozessen zur Herstellung neuartiger Produkte.

Mit der Vielzahl der mittels Heißprägen strukturierbaren Materialien ergeben sich vielfältige Anwendungsmöglichkeiten, von denen nur wenige exemplarisch genannt werden. Bioresorbierbare Kunststoffe können neben der einfachen Grundstruktur zusätzlich an der Oberfläche modifiziert werden, um optisch angeregt werden zu können oder eine bessere Ankopplung an die Zellen zu ermöglichen und nach der eigentlichen Funktion ohne weitere Operation im Körper verbleiben können. Kunststoffe, die aus nachwachsenden Rohstoffen gewonnen werden, verringern die Abhängigkeit von Erdgas und Erdöl; biologisch abbaubare Kunststoffe oder mit einem hohen Anteil an abbaubaren Füllstoffen versehenen Kunststoffen tragen weniger dazu bei, die stetig wachsende Abfallmenge in der Natur unnötig weiter ansteigen zu lassen. Durch die Möglichkeit thermoplastische Elastomere mittels Heißprägen in definierte Mikrostrukturen umzusetzen, lassen sich Energiespeicher und Puffer in Mikrosysteme integrieren oder sogar komplett aus Kunststoff bestehende aktive Systeme, die einen Formgedächtniseffekt aufweisen.

Durch das Mehrkomponentenprägen können neben der Nutzung unterschiedlicher Kunststoffeigenschaften auch Fremdmaterialien in Mikrosysteme direkt während dem Herstellungsprozess eingebracht werden, wie metallische Folien, die als Spiegel im System dienen können, oder Zellulosefasern an der Oberfläche, was ein einfaches Beschriften der Bauteile ermöglicht. Die Integration von Mikro- und Submikrometerstrukturen an der Bauteilunterseite aber auch als Zwischenschicht im Bauteilkern lassen einen komplexen Kopierschutz realisieren. Die wirtschaftliche Erzeugung von Durchlöchern sowie die Modifikation der Oberflächeneigenschaften durch eine zusätzliche Strukurierung bereiten dem Heißprägeprozess ebenso den Weg wie die Herstellung großformatiger Bauteile und Parallelisierung kleiner Bauteile auf einer großformatigen Fläche zu einem industriell einsetzbaren Replikationsprozess.

Aus den Erkenntnissen dieser Arbeit haben sich bereits neue Projekte abgeleitet. So werden heißgeprägte Formeinsätze im Spritzguss eingesetzt, fluidische Hohlkörper mit Innenstruktur sollen in Endoskopen zum Einsatz kommen, heißgeprägte thermoplastische Elastomere sollen in Ventilen und Aktoren Verwendung finden, die Erzeugung der Fadenstrukturen im Heißprägen werden mit gefüllten Polymeren hinsichtlich der Eignung als künstliche Eisbärenhaut untersucht, dünne keramische Schichten, wie sie im Heißprägen spannungsfrei strukturiert werden, sollen als keramisch beheizter Formeinsatz die Zykluszeiten auf unter eine Minute reduzieren und optische Systeme, bei denen alle Seiten des Bauteils optisch genutzt werden können, werden mittels PSU Substrat hergestellt.

Während die Technologie häufig nur als Mittel zum Zweck angesehen wird und diese lediglich zum Herstellen eines gewünschten neuen Produktes weiterentwickelt wird, zeigt diese Arbeit, dass die Weiterentwicklung der Technologie selbst viel größere Entwicklungen als nur ein einzelnes Produkt ermöglichen kann. Das Bewahren des Wissens über die Technologie und die kontinuierliche Weiterentwicklung derselben stellen damit einen essentiellen Teil in der Forschung dar und ist von ebenso großem Interesse wie die Entwicklung einzelner neuer Produkte.

8. Literaturverzeichnis

[Ada88] ADAM, W. ; WOEBCKEN, W. (Hrsg.): *Kunststoff Handbuch: Duroplaste*. Carl Hanser Verlag, 1988

[AH04] AHLERS-HESTERMANN, G. ; EHRENSTEIN, G. (Hrsg.): *Handbuch Kunststoff-Verbindungstechnik*. Hanser Verlag, 2004

[Alb09] *Albis Plastic GmbH*. Distributionsprogramm. www.albis.com. Version: 2009

[ALS09] ADAM, G. ; LÄUGER, P. ; STARK, G.: *Physikalische Chemie und Biophysik*. Springer Verlag, 2009

[BAH03] BUENO, R. ; AZCARATE, S. ; HERRERO, A. ; KLOCKE, F. (Hrsg.) ; PRITSCHOW, G. (Hrsg.): *Autonome Produktion*. Springer Verlag, 2003

[BB90] BECKER, G. ; BRAUN, D. ; CARLOWITZ, B. (Hrsg.): *Die Kunststoffe: Chemie, Physik, Technologie*. Hanser Verlag, 1990

[BBM+98] BACHER, W. ; BADE, K. ; MATTHIS, B. ; SAUMER, M. ; SCHWARZ, R.: Fabrication of LIGA mold inserts. In: *Microsyst Technol* 4 (1998), S. 117 – 119

[BBOS07] BAUR, E. (Hrsg.) ; BRINKMANN, S. (Hrsg.) ; OSSWALD, T. (Hrsg.) ; SCHMACHTENBERG, E. (Hrsg.): *Saechtling Kunststoff Taschenbuch*. Hanser Verlag, 2007

[BD06] BREWIS, D. ; DAHM, R. ; HUMPHREYS, S. (Hrsg.): *Adhesion to Fluoropolymers*. Rapra Publishing, 2006

[BDG+06] BÄR, M. ; DITTRICH, H. ; GENGENBACH, U. ; HECKELE, M. ; HER-
ZINGER, S. ; HOFMANN, A. ; HOLLENBACH, U. ; KADEL, K. ; MEHNE,
C. ; MOHR, J. ; SCHARNOWELL, R. ; SKUPIN, H. ; STAUTMEISTER,
T. ; WISSMANN, M.: *Mikro-Fertigungstechniken für hybride mikroop-
tische Sensoren.* Universitätsverlag Karlsruhe, 2006

[BG08] BECKER, H. ; GÄRTNER, C.: Polymer microfabrication technologies
for microfluidic systems. In: *Anal Bioanal Chem* 390 (2008), S. 89–111

[BGK03] BUTT, H. ; GRAF, K. ; KAPPL, M.: *Physics and chemistry of inter-
faces.* Wiley VCH, 2003

[BH00] BECKER, H. ; HEIM, U.: Hot embossing as a method for the fabrication
of polymer high aspect ratio structures. In: *Sensors and Actuators A:
Physical* 83 (2000), S. 130–135

[BH10] BHUSHAN, B. ; HER, E.: Fabrication of Superhydrophobic Surfaces
with High and Low Adhesion inspired from Rose Petal. In: *Langmuir*
26 (2010), S. 8207–8217

[Bhu04] BHUSHAN, B. (Hrsg.): *Handbook of Nanotechnology.* Springer Verlag,
2004

[BN98] BARTHLOTT, W. ; NEINHUIS, C.: Lotus-Effekt und Autolack: Die
Selbstreinigungsfähigkeit mikrostrukturierter Oberflächen. In: *Biolo-
gie in unserer Zeit* 28 (1998), S. 314–321

[BN10] BHUSHAN, B. ; NOSONOVSKY, M.: The rose petal effect and the modes
of superhydrophobicity. In: *Philosophical Transactions A* 368 (2010),
S. 4713–4728

[Bon09] BONNET, M.: *Kunststoffe in der Ingenieuranwendung.* Vieweg und
Teubner, 2009

[Bro01] BROSTOW, W.: *Performance of plastics.* Hanser Verlag, 2001

[Bry99] BRYDSON, J. (Hrsg.): *Plastics materials.* Butterworth-Heinemann,
1999

[Cam07] *CAMPUS.* Datenbank. M-Base Engineering + Software. Version: MCBase 5.1.3 build 2 2007

[Car95] CARLOWITZ, B. (Hrsg.): *Kunststoff-Tabellen.* Hanser Verlag, 1995

[CB44] CASSIE, A. ; BAXTER, S.: Wettability of porous surfaces. In: *Transactions Of The Faraday Society* 40 (1944), S. 546–551

[Chu00] CHUNG, C.: *Extrusion of polymers: theory and practice.* Hanser Verlag, 2000

[CP07] CHEN, Y. ; PÉPIN, A. ; DUPAS, C. (Hrsg.) ; HOUDY, P. (Hrsg.) ; LAHMANI, M. (Hrsg.): *Nanoscience: nanotechnologies and nanophysics.* Springer Verlag, 2007

[CQ05] CALLIES, M. ; QUÉRÉ, D.: On water repellency. In: *Soft Matter* 1 (2005), S. 55–61

[Cra04] CRAWFORD, R. (Hrsg.): *Plastics engineering.* Elsevier Butterworth-Heinemann, 2004

[CRAG05] CHENG, Y. ; RODAK, D. ; ANGELOPOULOS, A. ; GEACEK, T.: Microscopic observations of condensation of water on lotus leaves. In: *Applied Physics Letters* 87 (2005), S. 194112

[CSW10] CZESLIK, C. ; SEEMANN, H. ; WINTER, R.: *Basiswissen Physikalische Chemie.* Vieweg und Teubner, 2010

[Dea06] DEANIN, R. ; HARPER, C. (Hrsg.): *Handbook of plastics technologies.* McGraw-Hill, 2006

[Dem08] DEMTRÖDER, W. (Hrsg.): *Experimentalphysik 1: Mechanik und Wärme.* Springer Verlag, 2008

[Dit04] DITTRICH, Harald: *Werkzeugentwicklung für der Heißprägen beidseitig mikrostrukturierter Formteile*, Institut für Mikrostrukturtechnik, Universität Karlsruhe, Diss., 2004

[DMS+09] DIEZ, M. ; MELA, P. ; SESHAN, V. ; MÖLLER, M. ; LENSEN, M.: Nanomolding of PEG-Based Hydrogels with Sub-10-nm Resolution. In: *Small* 5 (2009), S. 2756–2760

[Dol97] DOLBEY, R. (Hrsg.): *Molecular weight characterisation of synthetic polymers*. Rapra Publishing, 1997

[Dom05] DOMININGHAUS, H. (Hrsg.): *Die Kunststoffe und ihre Eigenschaften*. Hanser Verlag, 2005

[DR08] DORRER, C. ; RÜHE, J.: Some thoughts on superhydrophobic wetting. In: *Soft Matter* 5 (2008), S. 51–61

[Dro06] DROBNY, J. ; HUMPHREYS, S. (Hrsg.): *Fluoroplastics*. Rapra Technology, 2006

[Eft08] EFTEKHARI, A.: *Nanostructured materials in electrochemistry*. Wiley VCH, 2008

[Ehr07] EHRENSTEIN, G. (Hrsg.): *Mit Kunststoffen konstruieren*. Hanser Verlag, 2007

[Ehr09] EHRSTEIN, Moritz: Konstruktion eines Handlingsystems zur Automatisierung einer Heißprägeanlage / Karlsruher Institut für Technologie. 2009 (Technikerarbeit). – Forschungsbericht. – IMT

[EK05] EMIG, G. (Hrsg.) ; KLEMM, E. (Hrsg.): *Technische Chemie*. Springer Verlag, 2005

[Eli71] ELIAS, H. (Hrsg.): *Makromoleküle: Struktur, Eigenschaften, Synthesen, Stoffe*. Hüthig Verlag, 1971

[Eli99] ELIAS, H. ; SANDNER, B. (Hrsg.): *Polymere: von Monomeren und Makromolekülen zu Werkstoffen*. Wiley VCH, 1999

[EP07] EHRENSTEIN, G. ; PONGRATZ, S.: *Die Beständigkeit von Kunststoffen*. Carl Hanser Verlag, 2007

[Fin08] FINK, J. (Hrsg.): *High performance polymers*. William Andrew, 2008

[FLL+02] FENG, L. ; LI, S. ; LI, Y. ; LI, H. ; ZHANG, L. ; ZHAI, J. ; SONG, Y. ; LIU, B. ; JIANG, L. ; ZHU, D.: Super-Hydrophobis Surfaces. From Natural to Artificial. In: *Advanced Materials* 14 (2002), S. 1857–1860

[GBB+09] GRIFFITHS, C. ; BIGOT, S. ; BROUSSEAU, E. ; WORGULL, M. ; HECKELE, M. ; NESTLER, J. ; AUERSWALD, J.: Investigation of polymer inserts as prototyping tooling for micro injection moulding. In: *Int. J. Adv. Manuf. Technol.* 47 (2009), S. 111–123

[Ger08] GERTHSEN, T.: *Chemie für den Maschinenbau 2.* Universitätsverlag Karlsruhe, 2008

[GL02] GOODSHIP, V. ; LOVE, J.: *Multi-Material Injection Moulding.* Rapra Technology limited, 2002

[Goo04] GOODSHIP, V.: *Practical guide to injection moulding.* Rapra Technology and Arburg limited, 2004

[Gre95] GREER, A.: Metallic glasses. In: *Science Magazine* 267 (1995), S. 1947–1953

[GS05] GRELLMANN, W. (Hrsg.) ; SEIDLER, S. (Hrsg.): *Kunststoff-Prüfung.* Hanser Verlag, 2005

[Ham11] HAMM, Veronika: *Entwicklung mikrostrukturierter Oberflächen zur Erzeugung gerichteter Tropfenbewegungen*, Karlsruher Institut für Technologie, Diplomarbeit, 2011

[Het05] HETSCHEL, M.: Abformung von Nanostrukturen im Spritzgießverfahren zur Erzeugung von Antireflexoberflächen. In: *Schriftenreihe TU Berlin* 67 (2005), S. 90–92

[HEX06] *Operating manual - Hot embossing system HEX 03.* Jenoptik Mikrotechnik GmbH. Version: 2006

[HFGR+07] HORCAS, I. ; FERNÁNDEZ, R. ; GÓMEZ-RODRÍGUEZ, J. ; COLCHERO, J. ; GÓMEZ-HERRERO, J. ; BARO, A.: WSxM: A software for scanning probe microscopy and a tool for nanotechnology. In: *Review of Scientific Instruments* 78 (2007), S. 013705

[HHH04] HELLERICH, W. (Hrsg.) ; HARSCH, G. (Hrsg.) ; HAENLE, S. (Hrsg.): *Werkstoff-Führer Kunststoffe*. Hanser Verlag, 2004

[HKQ04] HOLDEN, G. (Hrsg.) ; KRICHELDORF, H. (Hrsg.) ; QUIRK, R. (Hrsg.): *Thermoplastic elastomers*. Hanser Verlag, 2004

[HS04] HECKELE, M. ; SCHOMBURG, W.: Review on micro molding of thermoplastic polymers. In: *Journal of Micromechanics and Microengineering* 14 (2004), S. R1–R14

[HSDW10] HEILIG, M. ; SCHNEIDER, M. ; DINGLREITER, H. ; WORGULL, M.: Technology of microthermoforming of complex three-dimensional parts with multiscale features. In: *Microsystem Technologies* 17 (2010), S. 593–600

[HSS77] HALLETT, F. ; SPEIGHT, P. ; STINSON, R.: *Introductory biophysics*. Methuen Publications, 1977

[Hu02] HU, T. (Hrsg.): *Chemical modification, properties, and usage of lignin*. Springer Verlag, 2002

[Jar08] JAROSCHEK, C.: *Spritzgießen für Praktiker*. Carl Hanser Verlag, 2008

[JM04] JOHANNABER, F. ; MICHAELI, W.: *Handbuch Spritzgießen*. Carl Hanser Verlag, 2004

[Kai07] KAISER, W. (Hrsg.): *Kunststoffchemie für Ingenieure*. Hanser Verlag, 2007

[Kai08] KAISER, Konradin: Entwicklung von Fertigungsverfahren für großformatige Formeinsätze / Karlsruher Institut für Technologie. 2008 (Wissenschaftlicher Bericht). – Forschungsbericht

[Kas10] KASALO, Mihael: Einflussanalyse von Trennmitteln zum Heißprägen / Hochschule Karlsruhe. 2010 (Studienarbeit). – Forschungsbericht

[Küb10] KÜBLER, M.: Verfahrensentwicklung zur Herstellung gebrauchsbeständiger kleinststrukturierter Kunststoffbauteile. In: *Schriftenreihe TU Berlin* 71 (2010), S. 21–29

[KC09] KOCH, H. ; CALAFAT, A.: Human body burdens of chemicals used in plastic manufacture. In: *Philosophical Transactions of the Royal Society B* 364 (2009), S. 2063–2078

[KGB⁺10] KENNTNER, J. ; GRUND, T. ; BÖRNER, M. ; REZNIKOVA, E. ; MOHR, J.: Doppelseitiger Röntgentiefenlithographie- und Galvanikprozess zur Herstellung von Gittern für die Anwendung in der Phasenkontrast Röntgenopti. In: *Deutsche Tagung für Forschung mit Synchrotronstrahlung*, 2010

[KGM08] KAISER, K. ; GUTTMANN, M. ; MEHNE, C.: Fertigungsverfahren für großformatige, mikrostrukturierte Formeinsätze. In: *Galvanotechnik* 99 (2008), S. 1518–1527

[KK07] KLYOSOV, A. (Hrsg.) ; KLESOV, A. (Hrsg.): *Wood-plastic composites*. John Wiley and Sons, 2007

[KK10] KLEEB, K. ; KÖHLER, W. J.: Vom Kleinmengenverteiler zum Vollsortiment. In: *Kunststoffe* 10 (2010), S. 14 – 20

[KKGW10] KAISER, K. ; KOLEW, A. ; GUTTMANN, M. ; WISSMANN, M.: Herstellung und Replikation von großformatigen Formeinsätzen mit Mikrodüsenarrays durch Galvanoformung von geprägten Kunststoffbauteilen mit hohem Aspektverhältnis. In: *GMM-Fachbericht* 65 (2010), S. 56–60

[KL09] KHONIK, V. ; LYSENKO, A.: The recovery of the shear stress viscosity of thermally aged bulk and ribbon glassy Pd40Cu30Ni10P20 by rapid quenching from the supercooled liduid state. In: *Phys. Status Solidi* 3 (2009), S. 37–39

[KMSW10] KOLEW, A. ; MÜNCH, D. ; SIKORA, K. ; WORGULL, M.: Hot embossing of micro and sub-micro structured inserts for polymer replication. In: *Microsystem Technologies* 17 (2010), S. 609–618

[Kön00] KÖNIG, Wolfgang: *Geschichte der Konsumgesellschaft*. Franz Steiner Verlag, 2000

[KS10] KURZWEIL, P. (Hrsg.) ; SCHEIPERS, P. (Hrsg.): *Chemie: Grundlagen, Aufbauwissen, Anwendungen und Experimente*. Vieweg und Teubner, 2010

[KSBZ04] KOLTAY, P. ; STEGER, R. ; BOHL, B. ; ZENGERLE, R.: The dispensing well plate: a novel nanodispenser for the multiparallel delivery of liquids. In: *Sensors and Actuators A* 116 (2004), S. 483–491

[KTS09] KUMAR, G. ; TANG, H. ; SCHROERS, J.: Nanomoulding with amorphous metals. In: *Nature Letters* 457 (2009), S. 868–873

[Lan10] LANGOS, Oliver: Weiterentwicklung eines Hochpräzisions-Positioniertisches für eine Heißprägeanlage / Karlsruher Institut für Technologie. 2010 (Technikerarbeit). – Forschungsbericht. – IMT

[Len10] LENDLEIN, A. (Hrsg.): *Shape-Memory Polymers*. Springer Verlag, 2010

[LG09] LEE, S. ; GRIMES, A. ; HEROLD, K. (Hrsg.) ; RASOOLY, A. (Hrsg.) ; WADELL, E. (Hrsg.): *Lab on a Chip Technology: Fabrication and Microfluidics*. Caister Academic Press, 2009

[LGN10] LECHNER, M. ; GEHRKE, K. ; NORDMEIER, E.: *Makromolekulare Chemie*. Birkhäuser Verlag, 2010

[LHK04] LAND, W. ; HERRLICH, N. ; KUNZ, J.: *Kunststoffpraxis: Eigenschaften*. WEKA Media, 2004

[Mal01] MALLON, J.: *Advances in Automation for Plastics Injection Moulding*. Rapra Technology, 2001

[Mar10] MARTENS, H.: *Recyclingtechnik: Fachbuch für Lehre und Praxis*. Spektrum akademischer Verlag, 2010

[MBLH95] MICHAELI, W. (Hrsg.) ; BRINKMANN, T. (Hrsg.) ; LESSENICH-HENKYS, V. (Hrsg.): *Kunststoff-Bauteile werkstoffgerecht konstruieren*. Hanser Verlag, 1995

[Meh07] MEHNE, Christian: *Großformatige Abformung mikrostrukturierter Formeinsätze durch Heißprägen*, Universität Karlsruhe, Institut für Mikrostrukturtechnik, Diss., 2007

[MGWV08] MICHAELI, W. ; GREIF, H. ; WOLTERS, L. ; VOSSEBÜRGER, F.: *Technologie der Kunststoffe*. Hanser Verlag, 2008

[MHMS02] MENGES, G. (Hrsg.) ; HABERSTROH, E. (Hrsg.) ; MICHAELI, W. (Hrsg.) ; SCHMACHTENBERG, E. (Hrsg.): *Werkstoffkunde Kunststoffe*. Hanser Verlag, 2002

[Mic92] MICHEL, Andreas: *Abformung von Mikrostrukturen auf prozessierten Wafern*, Universität Karlsruhe, Diss., 1992

[Mic06] MICHAELI, W.: *Einführung in die Kunststoffverarbeitung*. Carl Hanser Verlag, 2006

[MJ93] MARTYN, M. ; JAMES, P.: The processing of hardmetal components by powder injection moulding. In: *International Journal of Refractory Metals and Hard Materials* 12 (1993), S. 61–69

[MK09] MICHAELI, W. ; KLAIBER, F.: Development of a system for laser-assisted molding of micro- and nanostructures. In: *Journal of Vacuum Science & Technology B* 27 (2009), S. 1323–1326

[MMM07] MENGES, G. (Hrsg.) ; MICHAELI, W. (Hrsg.) ; MOHREN, P. (Hrsg.): *Spritzgießwerkzeuge: Auslegung, Bau, Anwendung*. Hanser Verlag, 2007

[MPP+10] MÜLLER, T. ; PIOTTER, V. ; PLEWA, K. ; GUTTMANN, M. ; RITZHAUPT-KLEISSL, H. ; HAUSSELT, J.: Ceramic micro parts produced by micro injection molding: latest developments. In: *Microsystem Technologies* 16 (2010), S. 1419–1423

[PGM03] PIOTTER, V. ; GIETZELT, T. ; MERZ, L.: Micro powder-injection moulding of metals and ceramics. In: *Sadhana* 28 (2003), S. 299–306

[PJ93] PEKER, A. ; JOHNSON, W.: A highly processable metallic glass. In: *Applied Physics Letters* 63 (1993), S. 2342–2344

[PK06] POSTAWA, P. ; KWIATKOWSKI, D.: Residual stress distribution in injection molded parts. In: *Journal of Achievements in Materials and Manufacturing Engineering* 18 (2006), S. 171–174

[PK10] PLEWA, K. ; KOLEW, A.: *Expertengespräch zum Einsatz alternativer Materialien in der Replikation.* Dezember 2010

[PPM+10] PIOTTER, V. ; PLEWA, K. ; MUELLER, T. ; RUH, A. ; VORSTER, E. ; RITZHAUPT-KLEISSL, H. J. ; HAUSSELT, J.: Manufacturing of High-Grade Micro Components by Powder Injection Molding. In: *Key Eng. Mater.* 447 (2010), S. 351–355

[Rab00] RABILLOUD, G. (Hrsg.): *High-performance polymers: chemistry and applications.* Editions Technip, 2000

[Röh09] RÖHRIG, Michael: *Konzeptentwicklung und Erprobung einer universellen Fixierung von Formeinsätzen für die Mikro- und Nanoreplikation*, Karlsruher Institut für Technologie, Diplomarbeit, 2009

[RHS+10] RÖHRIG, M. ; HEILIG, M. ; SCHNEIDER, M. ; KOLEW, A. ; KAISER, K. ; GUTTMANN, M. ; WORGULL, M.: Universelle Fixierung von Shim- Formeinsätzen für die Mikro- und Nanoreplikation auf Basis von Polymerfolien. In: *Galvanotechnik* 101 (2010), S. 1646–1653

[Roc10] ROCHMAN, Arif: *Thermo Flow Forming (TFF) - A Novel Manufacturing Technology for Polymeric Micro Components*, University of Belfast and Applied University of Aalen, Diss., 2010

[RR00] ROSATO, D. ; ROSATO, M.: *Injection Molding Handbook*. Springer Verlag, 2000

[RR03] RATNER, M. ; RATNER, D.: *Nanotechnology*. Pearson Education, 2003

[RSW09] RAPP, B. ; SCHNEIDER, M. ; WORGULL, M.: Hot punching on an 8 inch substrate as an alternative technology to produce holes on a large scale. In: *Microsystem Technologies* 16 (2009), S. 1201–1206

[Sch00] SCHEIRS, J.: *Compositional and failure analysis of polymers*. Wiley VCH, 2000

[Sch07] SCHNEIDER, Marc: Konzeption und Entwicklung eines Heißpräge-werkzeuges mit elektrischer Beheizung / Forschungszentrum Karlsruhe. 2007 (Diplomarbeit). – Forschungsbericht. – IMT

[Sch08] SCHÜLE, H. ; EYERER, P. (Hrsg.) ; HIRTH, T. (Hrsg.) ; ELSNER, P. (Hrsg.): *Polymer Engineering: Technologien und Praxis*. Springer Verlag, 2008

[SDG⁺00] SCHIFT, H. ; DAVID, C. ; GABRIEL, M. ; GOBRECHT, J. ; HEYDER-MAN, L. ; KAISER, W. ; KÖPPEL, S. ; SCANDELLA, L.: Nanorepli-cation in polymers using hot embossing and injection molding. In: *Microelectronic Engineering* 53 (2000), S. 171–174

[SDGP07] SHA, B. ; DIMOV, S. ; GRIFFITHS, C. ; PACKIANATHER, M.: Inves-tigation of micro-injection moulding: Factors affecting the replication quality. In: *Journal of Materials Processing Technology* 183 (2007), S. 284–296

[Sin10] SINANGIN, Tuna: *Entwicklung und prototypische Realisation eines Wundspülsystems mit integrierter Mikrofluidik auf Basis von Polylac-tid*, Karlsruher Institut für Technologie, Institut für Mikrostruktur-technik, Diplomarbeit, 2010

[SK04] STITZ, S. ; KELLER, W.: *Spritzgießtechnik: Verarbeitung, Maschinen, Peripherie*. Carl Hanser Verlag, 2004

[SM04]   STARKE, L. (Hrsg.) ; MEYER, B. (Hrsg.): *Toleranzen, Passungen und Oberflächengüte in der Kunststofftechnik.* Hanser Verlag, 2004

[SMRC⁺09]   SAHLI, M. ; MILLOT, C. ; ROQUES-CARNES, C. ; MALEK, C. K. ; BARRIERE, T. ; GELIN, J.: Quality assessment of polymer replication by hot embossing and micro-injection moulding processes using scanning mechanical microscopy. In: *Journal of Materials Processing Technology* 209 (2009), S. 5851–5861

[SPP⁺07]   SCHROERS, J. ; PHAM, Q. ; PEKER, A. ; PATON, N. ; CURTIS, R.: Blow molding of bulk metallic glass. In: *Scripta Materialia* 57 (2007), S. 341–344

[Sur03]   SURESH, S.: *Fatigue of materials.* Cambridge University Press, 2003. – 211 S.

[SVKM11]   SCHELB, M. ; VANNAHME, C. ; KOLEW, A. ; MAPPES, T.: Hot embossing of photonic crystal polymer structures with a high aspect ratio. In: *Journal of Micromechanics and Microengineering* 21 (2011), S. 025017

[SW08]   SAILE, V. ; WALLRABE, U. ; TABATA, O. (Hrsg.): *LIGA and its Applications.* Wiley-VCH, 2008

[TAK⁺09]   TALSNESS, C. ; ANDRADE, A. ; KURIYAMA, S. ; TAYLOR, J. ; SAAL, F. vom: Components of plastic: experimental studies in animals and relevance for human health. In: *Philosophical Transactions of the Royal Society B* 364 (2009), S. 2079–2096

[THH⁺04]   TRUCKENMÜLLER, R. ; HENZI, P. ; HERRMANN, D. ; SAILE, V. ; SCHOMBURG, W.: Bonding of polymer microstructures by UV irradiation and subsequent welding at low temperatures. In: *Microsystem Technologies* 10 (2004), S. 372–374

[Thr95]   THRONE, J. ; DOLBY, R. (Hrsg.): *Advances in Thermoforming.* Rapra Technology limited, 1995

[TMSS09] THOMPSON, R. ; MOORE, C. ; SAAL, F. vom ; SWAN, S.: Plastics, the environment and human health: current consensus and future trends. In: *Phil. Trans. R. Soc. B* 364 (2009), S. 2153–2166

[VKC$^+$10] VANNAHME, C. ; KLINKHAMMER, S. ; CHRISTIANSEN, M. ; KOLEW, A. ; KRISTENSEN, A. ; LEMMER, U. ; MAPPES, T.: All-polymer organic semiconductor laser chips: Parallel fabrication and encapsulation. In: *Optics Express* 18 (2010), S. 24881

[VKK$^+$10] VANNAHME, C. ; KLINKHAMMER, S. ; KOLEW, A. ; JAKOBS, P. ; GUTTMANN, M. ; DEHM, S. ; LEMMER, U. ; MAPPES, T.: Integration of organic semiconductor lasers and single-mode passive waveguides into a PMMA substrate. In: *Microelectronic Engineering* 87 (2010), S. 693–695

[Vor09] VORHOLT, Frederik: Nanoreplikation und mikroskopische Untersuchung von selbstreinigenden Schmetterlingsstrukturen / Fachhochschule Münster und Forschungszentrum Karlsruhe. 2009 (Bachelorarbeit). – Forschungsbericht

[Wen36] WENZEL, R.: Resistance of solid surfaces to wetting by water. In: *Industrial and engineering chemistry* 28 (1936), S. 988–994

[WGM$^+$08] WISSMANN, M. ; GUTTMANN, M. ; MOHR, J. ; HARTMANN, M. ; WILSON, S. ; MORAN-IGLESIAS, C. ; VAN-ERPS, C. ; KRAJEWSKI, R. ; PARRIAUX, O.: Replication of micro-optical components and nano-structures for mass production. In: *Proc SPIE* 6992 (2008), S. 699208

[WH02] WINTERMANTEL, E. (Hrsg.) ; HA, S. (Hrsg.): *Medizintechnik mit biokompatiblen Werkstoffen und Verfahren.* Springer Verlag, 2002

[Wis99] WISE, R.: *Thermal welding of polymers.* Abington Publishing, 1999

[Wit10] WITTEN, E.: Composites in Europa. In: *Kunststoffe* 12 (2010), S. 18 – 19

[WK07] WU, C. ; KUO, H.: Parametric study of injection molding and hot embossing in polymer microfabrication. In: *Journal of Mechanical Science and Technology* 21 (2007), S. 1477–1482

[WKH+10] WORGULL, M. ; KOLEW, A. ; HEILIG, M. ; SCHNEIDER, M. ; DINGLREITER, H. ; RAPP, B.: Hot embossing of high performance polymers. In: *Microsystem Technologies* 17 (2010), S. 585–592

[WLTJ09] WENG, C. ; LEE, W. ; TO, S. ; JIANG, B.: Numerical simulation of residual stress and birefringence in the precision injection molding of plastic microlens arrays. In: *International Communications in Heat and Mass Transfer* 36 (2009), S. 213–219

[Wor03] WORGULL, Matthias: *Analyse des Mikro-Heißprägeverfahrens*, Forschungszentrum Karlsruhe, Institut für Mikrostrukturtechnik, Diss., 2003

[Wor09] WORGULL, M.: *Hot embossing - Theory and Technology of Microreplication*. Elsevier Science, 2009

[WTM+06] WADDIE, A. ; TAGHIZADEH, M. ; MOHR, J. ; PIOTTER, V. ; MEHNE, C. ; STUCK, A. ; STIJNS, E. ; THIENPONT, H.: Design, fabrication and replication of micro-optical components for educational purposes within the network of exellence in micro-optics. In: *Proc SPIE* 6185 (2006), S. 61850B

[YS99] YASHAR, P. ; SPROUL, W.: Nanometer scale multilayered hard coatings. In: *Vacuum* 55 (1999), S. 179–199

[Zec01] ZECHBAUER, U.: Spritzbares Holz: die Kunststoff-Alternative. In: *Spektrum der Wissenschaft* 8 (2001), S. 80–81

[ZMS09] ZWEIFEL, H. ; MAIER, R. ; SCHILLER, M.: *Plastics Additives Handbook*. Carl Hanser Verlag, 2009

[Zub09] ZUBCIC, Ivan: Konstruktion einer Aufnahme für das Heißprägen von adaptiv aufgebauten, großformatigen Formeinsätzen / Karlsruher Insitut für Technologie. 2009 (Technikerarbeit). – Forschungsbericht

A. Anhang

A.1. Prozessverlauf im Heißprägen

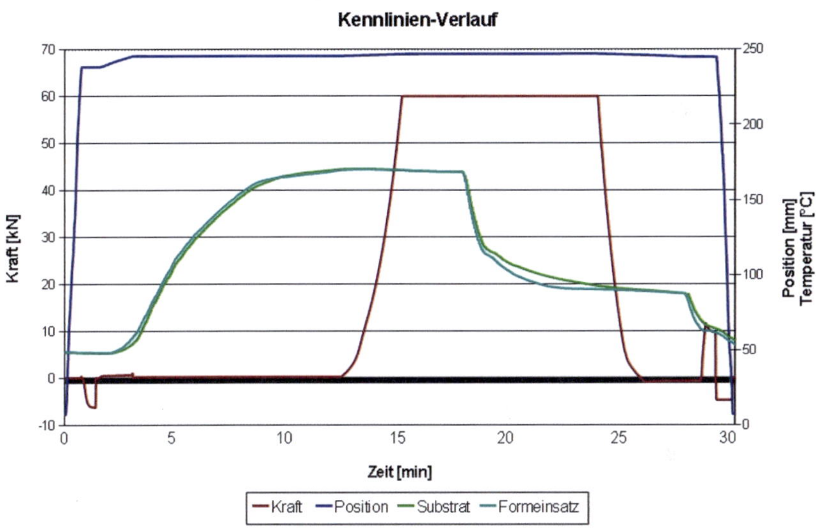

Abb. A.1.: *Typischer Ablauf eines Heißprägezyklus nach Kapitel 2.4.2: Die blaue Linie steht für die Position der beweglichen unteren Traverse, die rote Linie für die Kraft auf das Polymer und die türkise sowie grüne Linie für die Temperaturen am Formeinsatz bzw. an der Substratplatte.*

A.2. Schwindungsübersicht verschiedener PMMA-Variationen

Typ	Sorte	Mittl. Messstrecke	Standardabw.	Schwindung
G77Q11	Degalan	$50.754\,mm$	$0,003\,mm$	$0,41\,\%$
G7E	Degalan	$50,757\,mm$	$0,002\,mm$	$0,41\,\%$
8N L22	Degalan 200	$50,757\,mm$	$0,001\,mm$	$0,41\,\%$
600	Lite	$50,757\,mm$	$0,002\,mm$	$0,41\,\%$
VOS-as	Acryl	$50,757\,mm$	$0,003\,mm$	$0,41\,\%$
VOS	Acryl	$50,755\,mm$	$0,004\,mm$	$0,42\,\%$
HL	Acryl	$50,794\,mm$	$0,002\,mm$	$0,34\,\%$
HT	Acryl	$50,736\,mm$	$0,002\,mm$	$0,45\,\%$
OUV	Acryl	$50,742\,mm$	$0,002\,mm$	$0,43\,\%$
VOS-k	Acryl	$50,738\,mm$	$0,002\,mm$	$0,44\,\%$
VOS-IR	Acryl	$50,737\,mm$	$0,007\,mm$	$0,45\,\%$
TK500	Plexiglas	$50,654\,mm$	$0,001\,mm$	$0,61\,\%$

Tab. A.1.: *Übersicht der mittleren Strukturlänge, Standardabweichung und Schwindung von verschiedenen PMMA Sorten. Die Unterschiede liegen zwischen $0,34$ bis $0,61$ und streuen damit stärker als durch jeden der Prozessparameter.*

A.3. Übersicht der Trennmittel in der Mikrotechnik

Hersteller	Typ	Basis	Partikel	Schichtdicke	Entformkraft
Eckert	EWOmold	Wasser	$5\,\mu m$	$200\,nm$	$13\,N$
WELA	DexCoat8	Lösemittel	$1\,\mu m$	$100\,nm$	$11\,N$
Jost	Treil 200	Lösemittel	$< 1\,\mu m$	$200\,nm$	$11\,N$
Würtz	PAT-513D	Aerosol	$2\,\mu m$	$150\,nm$	$9\,N$
Würtz	PAT-803PB	Aerosol	$10\,\mu m$	$150\,nm$	$26\,N$
Bomix	A-278	Lösemittel	$2\,\mu m$	$100\,nm$	$17\,N$
Bomix	A-241	Lösemittel	$5\,\mu m$	$> 5\,\mu m$	$12\,N$
ACMOS	2-2405	Lösemittel	$6\,\mu m$	$250\,nm$	$10\,N$
ACMOS	36-6032	Lösemittel	$< 1\,\mu m$	$200\,nm$	$14\,N$
ACMOS	70-2406	Lösemittel	$8\,\mu m$	$450\,nm$	$16\,N$
GEPOC	Marbocote	Lösemittel	$< 1\,\mu m$	$200\,nm$	$8\,N$
ASK	Ecopart	Wasser	$4\,\mu m$	$> 5\,\mu m$	$12\,N$

Tab. A.2.: *Übersicht der getesteten Trennmittel für den Heißprägeprozess mit Angabe der maximalen Partikelgröße, minimalen Schichtdicke und Entformkraft der Prägung.*

A.4. Einfluss der Prozessparameter auf die Submikrometerreplikation

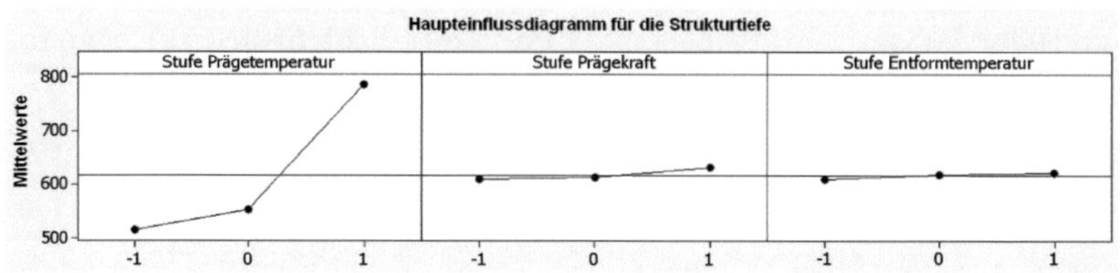

Abb. A.2.: *Darstellung der Einflussfaktoren Prägetemperatur (links), Prägekraft (mitte) und Entformtemperatur (rechts) auf die Strukturtiefe.*

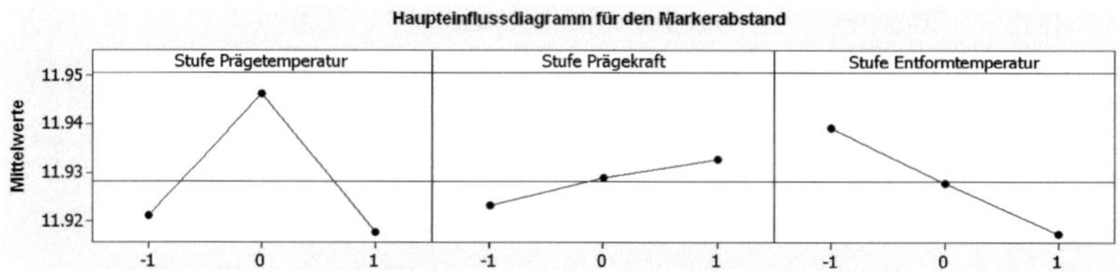

Abb. A.3.: *Darstellung der Einflussfaktoren Prägetemperatur (links), Prägekraft (mitte) und Entformtemperatur (rechts) auf den Markerabstand.*

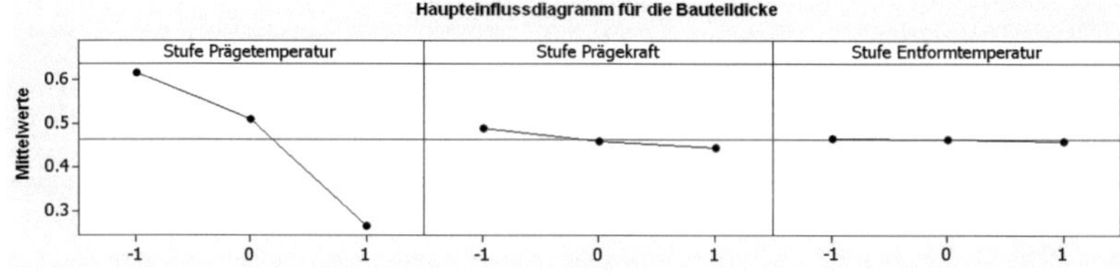

Abb. A.4.: *Darstellung der Einflussfaktoren Prägetemperatur (links), Prägekraft (mitte) und Entformtemperatur (rechts) auf die Bauteildicke.*

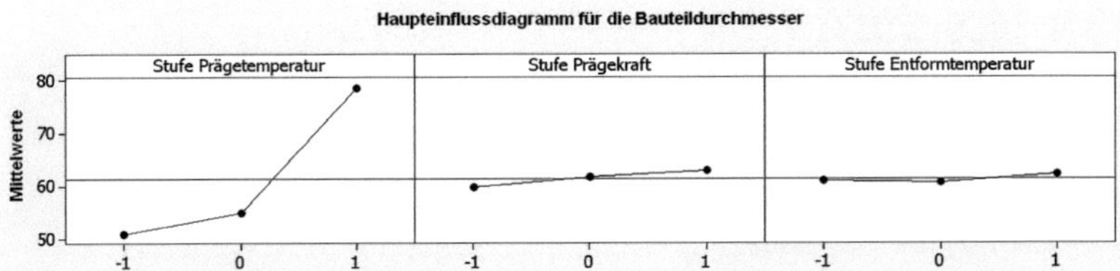

Abb. A.5.: *Darstellung der Einflussfaktoren Prägetemperatur (links), Prägekraft (mitte) und Entformtemperatur (rechts) auf den Bauteildurchmesser.*

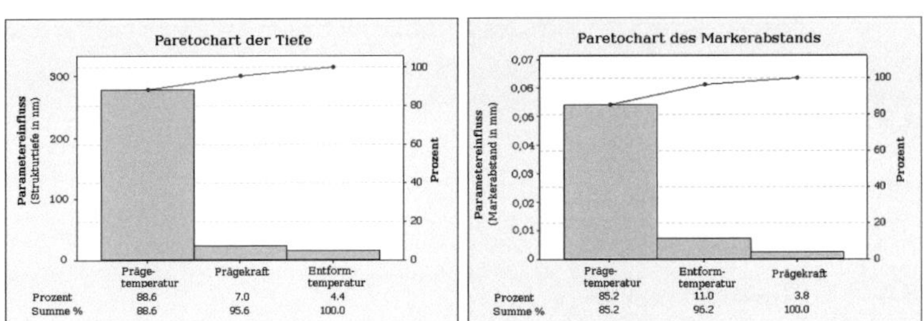

Abb. A.6.: *Pareto-Charts der verschiedenen Prozessparameter und deren Einfluss auf die Strukturtiefe (links) und auf den Markerabstand (rechts).*

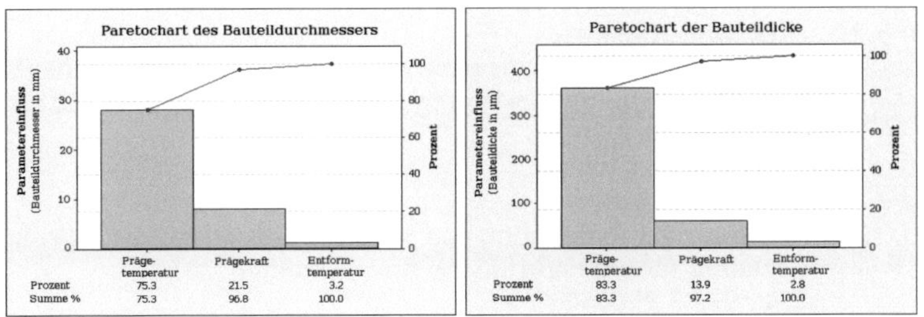

Abb. A.7.: *Pareto-Charts der verschiedenen Prozessparameter und deren Einfluss auf den Bauteildurchmesser (links) und die Bauteildicke (rechts).*

Schriften des Instituts für Mikrostrukturtechnik
am Karlsruher Institut für Technologie
(ISSN 1869-5183)

Herausgeber: Institut für Mikrostrukturtechnik

Die Bände sind unter www.ksp.kit.edu als PDF frei verfügbar oder
als Druckausgabe bestellbar.

Schriften des Instituts für Mikrostrukturtechnik
am Karlsruher Institut für Technologie
(ISSN 1869-5183)